裱花蛋糕 & 翻糖蛋糕

王 森 主编

辽宁科学技术出版社

沈 阳

主　　编　王　森

副 主 编　张婷婷

参编人员　朋福东　乔金波　武　文　孙安廷　韩俊堂　吴　菲　王启路　苏　君　张娉娉

　　　　　顾碧清　韩　磊　张小芹　周建祥　刘　洋　武　磊

文字校对　邹　凡

摄　　影　王　森　苏　君

摄　　像　苏　君

图书在版编目（CIP）数据

裱花蛋糕&翻糖蛋糕 / 王森主编. —沈阳：辽宁科学技术出版社，2014.2（2015.3重印）

ISBN 978-7-5381-8404-4

Ⅰ．①裱…　Ⅱ．①王…　Ⅲ．①蛋糕—糕点加工　Ⅳ.①TS213.2

中国版本图书馆CIP数据核字（2013）第302252号

出版发行：辽宁科学技术出版社
　　　　　（地址：沈阳市和平区十一纬路29号　邮编：110003）
印 刷 者：辽宁彩色图文印刷有限公司
经 销 者：各地新华书店
幅面尺寸：168mm×236mm
印　　张：8.5
字　　数：150千字
出版时间：2014年2月第1版
印刷时间：2015年3月第2次印刷
责任编辑：康　倩
封面设计：魔杰设计
版式设计：颖　溢
责任校对：栗　勇

书　　号：ISBN 978-7-5381-8404-4
定　　价：38.00元

联系电话：024-23284367　联系人：康　倩　编辑
地址：沈阳市和平区十一纬路29号　辽宁科学技术出版社
邮编：110003
E-mail：987642119@qq.com

Preface
序

现如今，人们不仅对新鲜时尚的美食感兴趣，更对西点的制作方式追崇有加。西点吃起来很美味，但实际操作却很复杂，所以每道工序都要认真，例如烘烤时间的掌握、揉搓的手法都是有讲究的。中国市场上大大小小的面包房如雨后春笋般涌现，蛋糕行业有巨大的市场容量和发展前景。

店多则求精，蛋糕制作的发展应该是与时俱进的，我们需要在扎实的基础上不断创新，并将当代社会推崇的时尚与自然新鲜的元素加入其中。

本书从专业的角度出发，在口味与造型上双管齐下——更侧重于蛋糕造型的创新——发挥无穷的想象力，在自然生活和社会生活中寻找灵感，精心制作，为大家呈现数十款奇幻造型蛋糕，各具特色，并且生动形象，精致美丽。

这些产品展示了各种类型蛋糕的奇幻风格，有精美雅致的花鸟画蛋糕，有整体风格独特的翻糖蛋糕，有可爱生动的卡通动物，也有吉祥如意的十二生肖……蛋糕创意绵绵不绝，我们争取使它成为浩瀚的蛋糕世界中一颗奇妙的行星。

在食物品种越来越多的今天，我们提倡回归自然，更多地使用天然保健食品，在用最朴素的材料做出最健康美丽的蛋糕这点上我们将不遗余力，为大家创作出更多令人惊艳的蛋糕造型。

希望更多热爱蛋糕制作的朋友们加入进来，也欢迎大家的指正，在蛋糕世界中每前进一步，都是令我们欣喜并且由衷感激的。

Contents 目录

翻糖蛋糕知识

Part1 理论篇

一、翻糖基本工具及原料

☼ 1. 防粘擀面杖

防粘擀面杖长短不等。做翻糖至少要准备两根，一根比较长的用来擀糖皮，一根比较短的用来擀做糖花用的干佩斯。

☼ 2. 打磨板

打磨板是用来打磨糖皮的，通常需准备一只圆头的，一只方形的，打磨的时候，一手拿一个，配合使用。

☼ 3. 泡沫蛋糕假体

一般用于做蛋糕陈列品，泡沫要选用高密度的，厚度在10cm较好，这个泡沫假体也可用来晾干糖花。

☼ 4. 蛋糕托盘

纸质蛋糕托盘最常用，也可用瓷盘或将KT板裁切成托盘。

☼ 5. 裱花袋

用来挤翻糖膏时用。

☼ 6. 干燥剂

用来放在做好的翻糖蛋糕一侧，以便防潮。

☼ 7. 糖花工具套装

花朵切模、一套打磨工具及海绵垫一套。

花朵切模有不锈钢的和塑料的两种。塑料的切模不如不锈钢的切模边角干净，但是带有一些纹路，总之，两种切模可以依照个人习惯选择，各有优劣。海绵垫主要用来压花朵。

⚙ 8. 丝带

用来装饰翻糖蛋糕围边，尽量选择有金属感色彩的彩带来装饰。

⚙ 9. 花蕊

花蕊可以自己做，也可以买成品。

⚙ 10. 铁丝

铁丝主要用来做花枝。有各种尺寸和粗细，使用范围非常广泛。胶带是无毒的，专门用来缠糖花花枝。

⚙ 11. 美工刀及刀片

美工刀主要用来做糖花和翻糖造型，刀片要选择锋利的，这样切口就没有毛边，切糖皮时刀上用湿毛巾擦一下再去切糖皮，这样切出的糖皮切口光滑没有毛边。

⚙ 12. 镊子、毛笔

毛笔用来在糖皮上作画。镊子可在粘一些小东西的时候用。

⚙ 13. 喷枪

喷枪用来喷色，也可以在蛋糕上画各种花纹，同时，由于喷枪喷色很均匀，也可以给整个蛋糕上色。

⚙ 14. 花边压轮

压轮可以调节变换花纹，这个工具常用来制作蝴蝶结及蛋糕花边。

⚙ 15. 圈模

圈模用途很广，只要是用到与圆有关的图案，最好都要用模具来压，因为手工很难切得圆，另外，圆形的图案在蛋糕装饰上效果较其他几何形要好看。

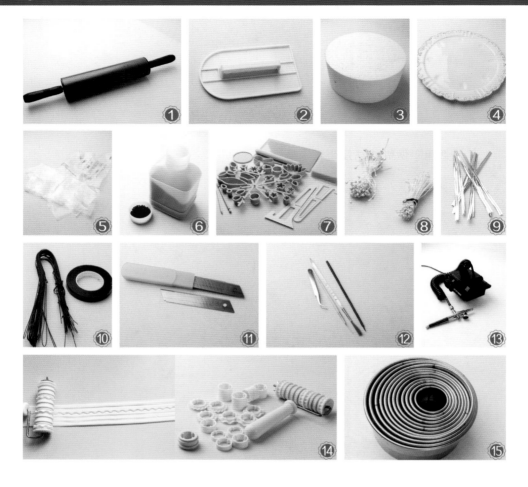

以下材料及工具最好也能准备

✿ 16. 金属粉

金属粉是一种食用色粉，主要用来表现蛋糕的金属色。此外，也有珍珠粉和银粉等。

✿ 17. 色粉、色膏

色粉主要用来给做好的糖花用毛笔蘸上色粉上色，可以达到逼真的效果。

色粉有很多种，大都是英、美的品牌。色膏质地较稠，放在糖皮里直接调色，如果是喷色的话，最好是用国产的液体色素喷色。

18. 印花擀面杖

印花擀面杖的种类、样式和尺寸都很多。一般来说，上面花纹突出的擀面杖比较好。

19. 切条器

一般适用于做蝴蝶结及蛋糕花边。

20. 印模

样式比较多，大致可分为硅胶的和塑料的两种。

21. 花夹

主要用来在翻糖蛋糕上夹出各种花纹，是一种很实用的装饰工具。

22. 切模

切模用途广泛，不仅适用于做翻糖蛋糕，同样也适用于做饼干和奶油蛋糕。

23. 捏塑棒

有三件装、多件装两种。分为U形棒（常用来压嘴巴线条）、圆形棒（常用来压花瓣）、针形棒（常用来挑眼眶、衣纹、连接四肢）、刀形棒（常用来压圆球、切面皮、压纹理）。

24. 蕾丝套装

做蕾丝的工具，材料有硅胶垫（Sugarveil Mat）、刮板（Sugarveil Spreader）、蕾丝粉（Sugarveil Icing）。蕾丝粉配方复杂，做起来费时费力，而市售的蕾丝粉一小包就能用很久。另外，大刮板也不能用抹刀代替，因为抹刀轻，而且覆盖面小，刮的过程中容易出现不均匀现象。

蕾丝在蛋糕装饰中起着非常重要的作用。它能增强蛋糕的艺术价值及观赏力，同时也能在一定程度上加快翻糖蛋糕制作的速度。

色粉

色膏

硅胶

塑料

⑯ ⑰ ⑱ ⑲ ⑳ ㉑ ㉒ ㉓ ㉔

二、认识翻糖材料的种类

翻糖是做翻糖蛋糕最主要的材料。翻糖依适用场合的不同，其软硬程度、延展性以及成型后的坚固程度不同。可将其分为：

（1）翻糖糖膏/糖皮：这种翻糖价格比较便宜，质地比较柔软，一般用来做覆盖蛋糕的糖皮。

（2）糖花专用翻糖（干佩斯）：此类翻糖延展性好，可以擀得很薄，透光，容易定型。一般用来做翻糖玫瑰等糖花造型。

（3）白奶油糖霜：主要用来给蛋糕裱花，比鲜奶油花坚固，保存时间长，常用来给翻糖蛋糕抹面。

三、翻糖材料的制作

翻糖配方：

无味明胶粉9g，冷水57g（浸泡明胶用），柠檬汁1小勺（增白去腥），玉米糖浆168g，甘油14g（保湿作用），太古糖粉907g（过筛2次），白色植物起酥油2.5g（防粘用）

做法：

❶ 将无味明胶粉和冷水浸泡至蓬松状。

❷ 将其隔热水熔化成透明液体。

❸ 加入柠檬汁，搅拌均匀，加入玉米糖浆，拌匀，加入甘油，搅拌均匀，再次隔水加热，将其搅拌成较稀的液体（勺子舀起来呈直线，碗底没有颗粒物）。

❹ 取一个容器，加入过筛的太古糖粉约680g（余下的糖粉放在操作台上揉面时用）。

❺ 在糖粉中间挖一个井，然后倒入做法❸，用勺子或木铲先搅拌，使其变成黏性状态的混合物后，再把面团从盆中取出放在撒了糖粉的操作台上。

❻ 边揉边分次放入操作台上剩余糖粉。将其揉成一个光滑、柔软的面团时，在手掌上搓上白色酥油，然后揉入其中，使其黏性消除。用保鲜膜紧紧包裹住翻糖，装入密封袋或盒里，放入冰箱，可保存2个月。注意：翻糖放置24小时后是最佳状态。

干佩斯制作

配方：

454g翻糖，3g泰勒粉，2.5mL白油

混合揉匀即成。价格稍贵，质地稍硬，容易造型，适合制作精致花卉。

翻糖包面

① 将模具中的蛋糕脱模。

② 事先准备好果胶、果沾。

③ 用锯齿刀将蛋糕面上的半圆削去，然后用手将蛋糕表面拍打干净。

④ 将果胶倒在蛋糕表面，用抹刀将蛋糕面抹平。

⑤ 将翻糖揉匀后压扁，然后用擀面杖将翻糖擀成薄皮。

⑥ 将糖衣皮铺在蛋糕面上。

⑦ 用手将边缘的糖衣皮整理平整。

⑧ 用掌心轻压蛋糕侧面。

⑨ 将蛋糕侧面修平整光滑后用捏塑刀将多余的翻糖切除。如果糖皮包好发现蛋糕表面还是不平整，可以再包一层，但糖皮要薄。

白奶油糖霜

糖霜可以用于翻糖蛋糕夹层和涂于翻糖皮，这样能够让翻糖蛋糕外表看起来更均匀。

材料：

无盐黄油：250g

细砂糖：100g（一半放在蛋白中，一半做糖水）

水：30g

蛋白：3个

杏仁香精调味：适量（比如香草精、柠檬萃取精华、香橙萃取精华等）

做法：

（1）无盐黄油室温软化，切小块放入大碗中，用打蛋器搅打顺滑即可。

（2）分出3个蛋白，放入50g细砂糖。

（3）蛋白打到六七分发，不可流动。

（4）50g细砂糖和30g水放入小锅中，大火加热，糖水煮到121℃（如果没有温度计，可以目测，煮到糖水质地变黏稠，上面布满小小的气泡，而不是大泡泡）。

（5）将糖水立即倒入蛋白中，并用高速搅打蛋白，使之降温。

（6）把打过的黄油全部放入蛋白中，搅打。

（7）一开始，呈豆渣状，不用担心，继续搅打。

（8）过了几分钟，还是豆渣状，不过有明显的变化。

（9）坚持再打几分钟，就能得到颜色较浅、非常顺滑的奶油霜了。

如果要加调味品，最后添加，搅打均匀即可。

蛋白霜的知识

一、蛋白霜概述

　　蛋白霜是英式蛋糕中常用的装饰材料。原料十分简单，蛋清（蛋白粉）、糖粉和温水。常用于婚礼蛋糕、圣诞蛋糕、姜饼屋、糖霜饼干等。这个材料的最大优点就是可以做成各种状态，用于不同的装饰，想稠就稠，想稀就稀。

　　蛋白霜的原材料中起到打发作用的就是蛋清和蛋白粉，但因为生蛋清会携带一些细菌，有的人也会对生鸡蛋过敏，所以一般商用的蛋白霜都不会采用生蛋清来制作，如果是自己在家练习，可以考虑用生蛋清的配方。蛋白粉大家常用的有Wilton、 Meringue Powder这两家。

二、关于蛋白霜的配方

生蛋清版

　　太古糖粉: 455g（糖粉过筛2次）
　　蛋清: 90g（约3个中号鸡蛋的蛋白）
　　新鲜柠檬汁：5～7滴（可以换成白醋5滴）
　　做法：
　　提前一天分离3个蛋白，冰箱冷藏过夜。这样可以增加蛋白的韧性。蛋清打到粗泡，分次加入太古糖粉，以避免糖粉飞溅。加入柠檬汁或者白醋，慢速打到尖峰状态。

纯蛋白粉版（拉线用）

　　蛋白粉：50g
　　饮用水：100g
　　糖粉：800～1000g

步骤：

❶ 将蛋白粉加入称好的饮用水中浸泡，搅拌均匀，无颗粒状。

❷ 将过筛后的蛋白液倒入家用小型打蛋机中，快速搅打。

❸ 将蛋白打发至乳白色泡沫状。

❹ 加入称好的糖粉（糖粉要过筛2次），需少量多次加入。

❺ 调制的硬度以自己的需求来定，要软的话多加饮用水，要硬的话多加糖粉，如果只想打好备用的话，那就打到尖峰状态，如下图所示，表面有清晰的浪花纹路。

尖峰状态

三、蛋白霜的几种状态

尖峰状态——适合做各种立体花朵和半立体动物造型，适合拉线。这个状态是蛋白霜打好后的状态，下面的两个状态都是在这个材料的基础上加水调稀的。

流动状态——在打好的蛋白霜里加水，和匀后用勺子挑起一条线，下沉消失速度会在16s左右。

顺滑状态——在打好的蛋白霜里加水，和匀后用勺子挑起一条线，消失的速度在30s左右，可用在饼干上挤些图形。

蛋白霜的储存：

（1）如果用铁勺搅拌，那么不要把铁勺留在碗里；

（2）如果是使用中，那么碗上盖一块湿布就可以了；

（3）装进裱花袋工作时，裱花袋要扣好，不用时花嘴也要用湿布盖上；

（4）如果留作以后使用，最好将其装入裱花袋，排出空气，放进冰箱冷藏保存，可以保存3天。重新使用时，需要倒在碗里重新搅打。

Part2 实践篇

3D立体鲜奶油蛋糕

KITTY猫

制作步骤

① 用雕刀将事先做好的两个差不多大的奶油圆球叠放在一起。

② 在下面圆球的两侧稍微靠前一些，挤出两条腿的根部圆球。

③ 在上面圆球的后侧1/3处，由粗到细地挤出两只耳朵。

④ 用平铲雕刀将两只耳朵的后部刮出仿真的立体效果。

⑤ 用粉红色奶油在两只耳朵之间偏左方向做出一个两边宽中间细的蝴蝶结。

⑥ 在蝴蝶结中间部分挤一个装饰圆球，下面由细到粗地挤两条尾巴，用橙色细裱在面部一半偏下处挤出一个扁圆球为鼻子。

⑦ 用专用毛笔蘸水将蝴蝶两翼和鼻子刷平滑。

⑧ 用黑色巧克力细裱在面部一半处挤上眼睛，再在眼睛上面画上眉毛，再勾勒出嘴巴。

⑨ 用动物嘴插入身体两侧挤出手臂与手指。用粉红色奶油在脖颈处挤一圈围脖，再用直花嘴在身体最下方做出一圈花边为裙边。

⑩ 用大红奶油细裱在整个身体上吐丝（表现毛衣的效果），用黄色奶油细裱与黑色巧克力奶油细裱做出袖子，再用巧克力棒做出脸部两侧的胡须。

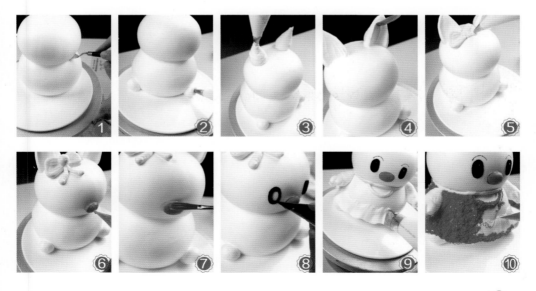

鲜奶油类 >>>

3D立体鲜奶油蛋糕

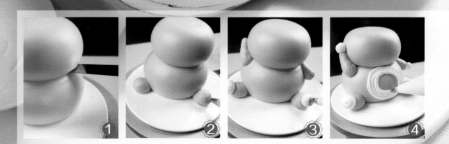

叮当猫

制作步骤

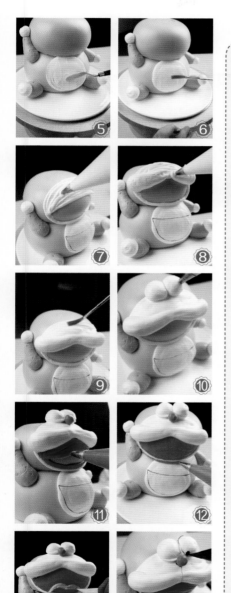

❶ 用抹刀将事先已经做好的两个差不多大的身体圆球叠放在一起。

❷ 用同等色奶油动物裱花嘴在下面圆球的前面两侧，由细到粗挤出两条腿。

❸ 继续用花嘴在脖颈两侧，由粗到细地挤出左膀臂，再由细到粗地挤出右膀臂，白色奶油动物花嘴在腿部前端挤出脚与手圆球。

❹ 在下圆（身体）的中间部位以画圈（大圈内没有缝隙地挤出层层小圈），形式表现出肚皮。

❺ 用平铲雕刀将白色肚皮轻轻地刮平。

❻ 用专用毛笔刷圆滑。

❼ 将白色奶油动物裱花嘴倾斜，在头部圆球上做出脸部（先画出一个大大的扁圆，将扁圆上部分1/2处用线条挤满），用黑色巧克力细裱在白色肚皮上画出大口袋细条。

❽ 在脸部的中间交接处按由左到右、由右到左的顺序，以"由粗到细"的手法挤出上嘴唇。

❾ 用专用毛笔将脸部与上嘴唇刷平滑。

❿ 将花嘴倾斜，轻贴于上嘴唇中间部位，挤出两个一样大、靠在一起的眼睛圆球。

⓫ 用大红色奶油在眼睛圆球的下方挤一个小小的鼻子圆球，继续用红色在上唇下方表现出嘴巴，也用专用毛笔刷平滑。

⓬ 在脖颈处挤一圈红色奶油，注意线条不要太粗。

⓭ 用粉红色奶油细裱在红色的嘴巴里做出舌头。

⓮ 用黑色巧克力细裱表现出五官。

鲜奶油类 >>>

3D立体鲜奶油蛋糕

海绵宝宝

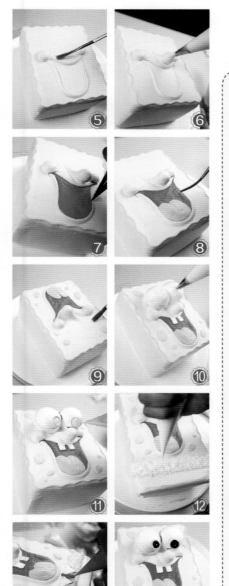

制作步骤

① 用刮片将转盘上的方形蛋糕抹平整和光滑。

② 用毛笔蘸水刷出曲线形的边沿。

③ 用淡绿色的奶油细裱突出边沿的曲线。

④ 用牙签划出张开的嘴巴的弧线，用动物嘴挤出腮部圆球，不要太大。

⑤ 用专业毛笔将嘴巴线条刷圆滑。

⑥ 在两个嘴角圆球中间"由细到粗"地挤出丰润的鼻子。

⑦ 在嘴巴里涂满红色奶油，并用专业毛笔刷平滑，再用黑色巧克力细裱描画出嘴形。

⑧ 用粉红色奶油在红色的嘴巴里做出舌头，也要用毛笔刷平滑。

⑨ 用淡绿色奶油在蛋糕表面空白处挤出装饰点，并用毛笔刷平滑。

⑩ 在上嘴唇处用黑色巧克力细画出两颗门牙，并涂上白色奶油；在两个腮部的中间，再用白色奶油挤出两个眼睛圆球，比鼻头和腮部圆球都要大。

⑪ 用粉蓝色奶油细裱挤出眼珠圆圈，在圆圈内涂满黑色巧克力。

⑫ 用白色奶油细裱在蛋糕下面部分，挤上乱丝进行装饰。

⑬ 用专用毛笔刷出两个三角形的衣领，并用黑色巧克力细裱突出，再用红色奶油细裱做出领带。

⑭ 最后用褐色巧克力细裱在白色吐丝的下方，挤出咖啡色丝作为装饰。

黑猫警长

制作步骤

❶ 在已经抹好的圆形蛋糕表面，先用专业毛笔画出脸部轮廓。

❷ 用动物嘴在线条上挤出脸部，并挤出鼻子圆球。

❸ 用毛笔将鼻子圆球刷光滑。

❹ 用白色奶油细裱突出嘴巴。

❺ 用动物嘴在头部的左侧前端挤出树叶形的左耳朵。

❻ 用同样的手法在右侧挤出右耳，用毛笔将两只耳朵刷圆滑。

❼ 用大红奶油细裱表现出嘴巴，再用粉红色细裱在红色嘴巴中做出舌头。

❽ 继续用粉红色细裱在鼻子上端挤出鼻尖圆球，用白色奶油在鼻子上方挤出两个眼睛圆圈，要一样大小，并用毛笔刷光滑。

❾ 用黄色奶油将眼睛圆圈内涂满。

❿ 用黑色巧克力细裱标出唇线与眼眶，在两只黄色眼眶内用淡蓝与黑色巧克力线膏做出眼球。

⓫ 在额头两只耳朵的中间用巧克力片做出形状插在蛋糕里，再在上面涂抹上鲜奶油，用雕刀刮平。

⓬ 蛋糕最底部吐上淡蓝色细丝为衣服，再在帽子上挤上橙色细丝，在两只耳朵与脸部挤上黑色细丝，用白色细线勾出脸部轮廓，用白巧克力挤出细长的胡须。

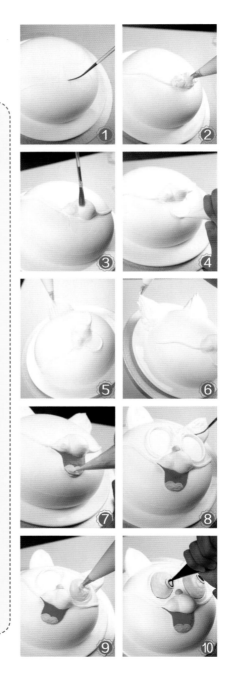

鲜奶油类

3D立体鲜奶油蛋糕

鲜奶油类 >>>

3D立体鲜奶油蛋糕

百年好合

制作步骤

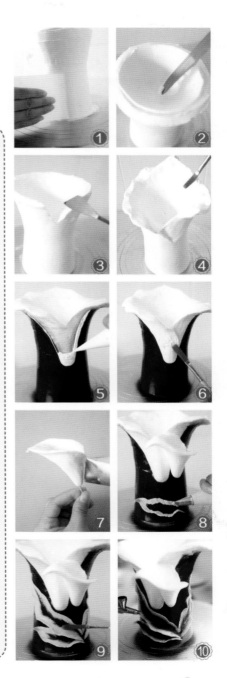

❶ 削一个面积较小，高度为14cm的重油蛋糕，将打发好的鲜奶油均匀地涂抹在表面，刮光滑，奶油要比蛋糕坯高1倍左右。
（注：奶油要打发得稍硬些）

❷ 抹好的整个瓶子底部较细，上部较为粗大，抹刀向内切割掏出一个较深的洞，洞的深度约为整体蛋糕的一半，渐渐向外刮，使奶油向外翻开。

❸ 用小雕刀在瓶子顶部割出"V"字形。

❹ 将奶油装入三角袋，在瓶子顶部挤出马蹄莲形的花瓣，然后用毛笔刷平整个面，然后淋上荔枝味透明果膏。

❺ 用蓝色、红色、黑色食用色素混合调色，装入喷枪，喷在整个花瓶外，然后用细裱袋挤出马蹄莲的根部花瓣。

❻ 用毛笔将花瓣刷平、刷光滑。

❼ 另取一个大花托，在花托上直挤绕一圈做一朵马蹄莲。可以将牙签插在花托上，更方便制作。

❽ 将小马蹄莲放在瓶子口，裱花袋装入绿色奶油，用中号直嘴直接在面上挤出叶子的轮廓。

❾ 用毛笔由外至里刷开，使叶子和瓶子的连接更为自然。

❿ 最后再用喷枪给叶子喷上蓝色，中间深，两边较浅，这样使叶子更加自然立体。

鲜奶油类 >>>

3D立体鲜奶油蛋糕

荷塘月色

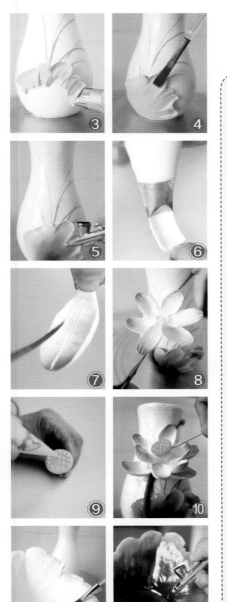

制作步骤

① 将牛油蛋糕削成较高的下部大、上部小、高度细长的蛋糕坯，然后均匀地抹上奶油，顶部奶油要高于蛋糕坯1/3，用软质刮片将其刮光滑，然后淋上荔枝味果膏。

② 用毛笔勾画出细长流畅的线条作为荷花后面陪衬的水草。

③ 用蓝色加绿色将奶油调出合适的颜色，然后用最大号直花嘴挤出不规则的荷叶形状。

④ 荷叶要做得较大，荷叶下部用三角袋挤出整体，然后用毛笔刷光滑。

⑤ 用喷枪将荷叶喷上深蓝色，体现荷叶的立体感。

⑥ 用花托剪成一片，用15号半圆弧花嘴直拔挤出一片。

⑦ 用红色喷枪或者喷粉喷在花瓣尖部，然后用毛笔勾画几道白色细条，作为装饰。

⑧ 用同样的手法制作另外几片花瓣，组合在瓶子表面作为荷花。

⑨ 取一个花托，在圆口处抹平奶油，然后用喷枪喷上绿色，再挤上黄点，即为荷花花蕊。

⑩ 将做好的步骤⑨插在牙签上，然后放在荷花的花蕊处。

⑪ 将白色巧克力做成很大的荷叶形状作为底盘，然后在巧克力表面挤上一层奶油，用毛笔刷光滑。

⑫ 在底盘表面淋上荔枝味果膏，待干后用喷枪喷上颜色，把做好的瓶子放在底盘中间，组合在一起即可。

3D立体鲜奶油蛋糕

花身

制作步骤

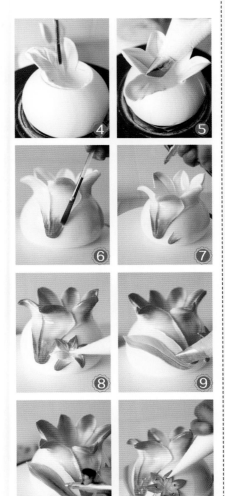

① 将牛油蛋糕坯削成圆形，再挤上奶油，用抹刀刮光滑。

② 用软质刮片将蛋糕侧面刮圆，刮出下大上小、中间向外圆润鼓出的蛋糕面。

③ 将抹刀略向内倾斜，在蛋糕上部挖出一个圆形小坑，坑要有一定的深度，挖好后将整个蛋糕面淋上透明果膏。

④ 待果膏干后，开始花瓣的制作。用最大的直花嘴，直接在蛋糕上挤出向外开的花瓣，然后用扁形毛笔刷平。也可以先放上叶子形巧克力片作为支撑，然后在巧克力片上挤奶油花瓣。

（注：制作花瓣时，可以把奶油打发得稍硬些）

⑤ 需要制作六片花瓣，整体花形要向外开放，做完后可以用花嘴在花瓣尖部两侧各修一下，使它们呈尖形。

⑥ 将橙色奶油装入细裱袋，在一片花瓣根部挤细线勾出花形，然后用扁形毛笔向内刷平。

⑦ 用喷枪在花瓣尖部由上向下喷出由深至浅的橙色。

⑧ 将白色奶油装入细裱袋，在蛋糕下方挤出尖形的六瓣小花瓣，用毛笔刷平，然后在尖部挤上橙色奶油，再用毛笔刷平。

⑨ 调绿色奶油装入裱花袋，用中号直嘴在大花瓣的两侧挤出对称的"S"形细长叶片。

⑩ 再用喷枪在叶子中间喷上深绿色，使其更有层次感。

⑪ 用喷枪将小花瓣喷上橙色，使其更加自然美观，最后用绿色奶油挤出花蕊作为装饰。

精致

制作步骤

❶ 将奶油放入奶油桶里并以中快速打发至六成半（光滑、细腻状），用抹刀将奶油均匀地抹于蛋糕坯上。（注：抹面时奶油应多些）

❷ 用大刮片将打好的底坯刮圆、刮光滑。（注：拿刮片时大拇指用力夹住食指第二个关节防止刮片滑落，小拇指控制刮片长度1/2处以下，中指、无名指辅助，食指控制刮片1/2处以上）

❸ 用三角形刮片将蛋糕顶部边缘切出薄边约5cm深，并用长方形刮片将花瓶瓶口里的奶油全部取出来。（注：拿刮片时大拇指在刮片的内侧，其余四个手指在刮片外侧并用力将刮片捏紧、拿稳、拿牢，刮片的刮面向外张开约35°，垂直向下压出深度即可）

❹ 用毛笔将抹好的瓶口刷光滑、细腻。（注：毛笔一定在使用之前蘸一下水）

❺ 用装好奶油的裱花袋挤在饼干上（挤的奶油一定要均匀），然后用毛笔将瓶子把手刷光滑。

❻ 用装好奶油的裱花袋将花瓶的瓶座挤上条纹即可。（注：挤出奶油的粗细、大小均匀）

❼ 将整个花瓶淋上一层透明果膏。（注：果膏和水的比例是3：1）

❽ 用勾线毛笔在花瓶的瓶身勾画出玫瑰花的轮廓。（注：勾画的轮廓以浅些为好）

<<<

鲜奶油类

3D立体鲜奶油蛋糕

鲜奶油类 >>>

3D立体鲜奶油蛋糕

1

2

孔雀屏

制作步骤

❶ 将重油蛋糕削成上下小、中间鼓的形状,然后抹上奶油,顶部奶油应高出蛋糕坯约1倍,然后用软质刮片把蛋糕由下往上刮光滑。

(注:奶油可以打发得稍硬些)

❷ 将蛋糕顶部奶油用抹刀掏空,深度约为总高的1/2。

(注:掏奶油时,抹刀在内部轻轻向外刮,然后翻刮出来,直到奶油边口成为薄片为止)

❸ 用小雕刀在瓶子前部切出较深的"V"字形口。

❹ 将奶油装入细裱袋,沿着瓶口一圈补上奶油,使其向外张开,呈孔雀尾巴形状,然后用小雕刀在上面做细微处理,抹光滑。

❺ 再用大号扁形毛笔将其刷光滑,然后淋上荔枝味透明果膏。

(注:如果在制作过程中出现干燥的情况,可以将毛笔蘸些水再刷)

❻ 待果膏干后,用喷枪给瓶子上色,底部较浅,上部稍深,整个瓶子外面颜色较为浅淡,然后瓶子内部颜色需较深,向外渐渐喷开,再用绿色给瓶口加上颜色。

❼ 根据现实中孔雀羽毛的形状特点,在瓶口处画出孔雀羽毛。

❽ 先用小号圆头毛笔勾出羽毛的形状,再填充颜色。

❾ 在瓶口处均匀地做出五根羽毛,每一根都要用四种不同颜色制作。

❿ 在"V"字形处做出孔雀的身体,要注意孔雀身体要小,这样才能跟羽毛形成对比,有一种扩张的艺术感。

⓫ 将花托剪成五瓣的小花托。

⓬ 用较小的直嘴在小花托上制作五瓣花,装饰在花瓶一侧即可。

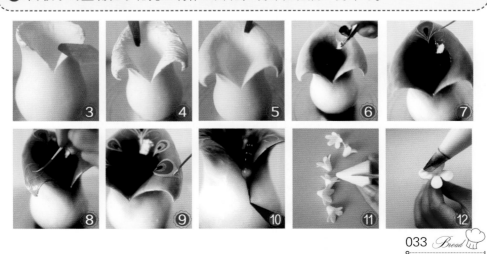

鲜奶油类 >>>

3D立体鲜奶油蛋糕

镂刻瓶

制作步骤

❶ 将奶油放入奶油桶里并以中快速打发至六成半（光滑、细腻），用抹刀将奶油均匀地抹于蛋糕坯上（抹面时奶油应多些），并且用抹刀将蛋糕侧面抹垂直，将蛋糕顶部边缘约0.5cm处用三角形刮片垂直向下压约5cm的深度。（注：拿刮片时大拇指在刮片的内侧，其余四个手指在刮片外侧并用力将刮片绷紧、拿稳、拿牢）

❷ 用抹刀将蛋糕内侧面与外侧面分开并且间隔2cm左右的宽度，将内侧面抹出有一定的高度。（注：要大于内侧面与外侧面的宽度为最佳）

❸ 先用果膏将内侧面淋上柠檬黄色（淋果膏的高度应该低于外侧面的水平线为最佳），然后用刮片将内侧面与外侧面完全包住并且将其修圆、修光滑。（注：包、修时刮片的力道应该轻轻的，如力道较大的话面易裂开、变形）

❹ 用抹刀将事先做好的包面挑到刚刚做好的面的顶部。（要放正）

❺ 用刮片轻轻地将两层修光滑、修圆。

❻ 用刮片将花瓶的瓶口修饰出来。（注：刮片的面与蛋糕侧面张开约35°，大拇指在刮片的内侧，其余四个手指在刮片的外侧）

❼ 用刮片将瓶颈与瓶肚处修光滑。（注：拿刮片的力道应该轻，大拇指在刮面的内侧，其余四个手指在刮面的外侧并将整个刮片拿稳、拿牢）

❽ 用三角形刮片从瓶口的边缘向下切约5cm的深度，并且将瓶口轻轻地向外打开。

❾ 用竹签在花瓶的瓶身上勾出菊花的结构图，然后用巧克力喷枪将巧克力浆均匀地喷于蛋糕面上。（注：喷枪与蛋糕保持60～80cm的距离，喷面时应将转台快速转起，再将巧克力浆均匀地喷于蛋糕面上。巧克力浆：巧克力浆的配方是可可脂和纯巧克力1∶1的比例，熔化时二者放在一起隔水加热。喷面之前应把蛋糕冷冻20分钟左右，室内温度在18℃左右时蛋糕就不要冷冻了，那样，巧克力浆喷在蛋糕面上的效果更好）

❿ 用火枪将雕刻刀加热至45℃左右，将瓶身上菊花的花瓣雕出镂空状即可。（注：雕刻刀每次使用完后必须清洁干净）

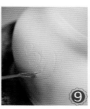

鲜奶油类 >>>

3D立体鲜奶油蛋糕

墨荷

制作步骤

❶ 将奶油放入奶油桶里并以中快速打发至六成半（光滑、细腻状），用抹刀将奶油均匀地抹于蛋糕坯上（抹面时奶油应多些），用大刮片将打好的底坯刮圆、刮光滑。（注：拿刮片时大拇指用力夹住食指第二个关节，防止刮片滑落，小拇指控制刮片长度1/2处以下，中指、无名指辅助，食指控制刮片1/2处以上），用三角形刮片将蛋糕顶部边缘切出薄边约5cm深，用长方形刮片将花瓶的瓶口里的奶油全部取出来（大拇指在刮片的内侧，其余四个手指在刮片的外侧并用力将刮片绷紧、拿稳、拿牢、定型），用吹瓶将花瓶的瓶口吹出弧形（用吹瓶吹面时应注意吹瓶与蛋糕面的距离在5cm左右最佳，手指捏吹瓶的速度越快，气流就越大，相反就越小），用裱花袋将瓶把手挤上奶油，然后用毛笔分别将花瓶的瓶口、瓶把手刷光滑、细腻（毛笔一定要蘸水使用），再将整个花瓶淋上一层透明果膏。

❷ 用裱花嘴分别将荷花的荷颈、荷叶挤出来，然后用毛笔刷光滑，并且将其刷上一层透明果膏，用勾线毛笔将其上色即可。

❸ 用毛笔将刚刚挤好的荷花表面刷光滑。

❹ 最后将荷花用毛笔上色即可。

‹‹‹ 鲜奶油类

3D立体鲜奶油蛋糕

制作步骤

❶ 将奶油放入奶油桶里并以中快速打发至六成半（光滑、细腻状），用抹刀将奶油均匀地抹于蛋糕坯上（抹面时奶油应多些），用大刮片将打好的底坯刮圆、刮光滑。（注：拿刮片时大拇指用力夹住食指第二个关节，防止刮片滑落，小拇指控制刮片长度1/2处以下，中指、无名指辅助，食指控制刮片1/2处以上），用三角形刮片将蛋糕顶部边缘切出薄边约5cm深，用长方形刮片将花瓶的瓶口里的奶油全部取出来（大拇指在刮片的内侧其余四个手指在刮片的外侧并用力将刮片绷紧、拿稳、拿牢、定型），用火枪将抹刀加热至45℃左右，将花瓶的瓶口削出一个弧形开口。

❷ 用吹瓶将花瓶的瓶口随意吹出几个弧形（用吹瓶吹面时应注意吹瓶与蛋糕面的距离在5cm左右最佳，手指捏吹瓶的速度越快，气流就越大，相反就越小），然后用毛笔将花瓶的瓶口刷光滑、细腻。

❸ 用裱花袋分别将圣诞叶和小鸟制作出来，并且用毛笔分别将圣诞叶和小鸟刷光滑、细腻。（制作圣诞叶时应薄，使用毛笔时应蘸一下水刷奶油，并与奶油倾斜约35°）

❹ 用毛笔分别将圣诞叶和小鸟刷上一层透明果膏（刷的果膏应该薄些），然后再用毛笔分别将圣诞叶和小鸟上色，最后用裱花袋在圣诞叶上挤上圣诞果即可。

墨蓝壶

制作步骤

❶ 先把蛋糕抹上奶油。

❷ 用软质刮片，将蛋糕侧面刮平圆。

❸ 将蛋糕顶部用抹刀修平，然后用抹刀掏出奶油，使平面呈现为凹进去的形状。

❹ 将蓝莓味的果膏均匀地淋在蛋糕表面。

❺ 茶壶盖的制作：可以用巧克力圆片或者用牛油蛋糕薄圆面做地拖，用奶油抹成壶盖状，然后淋上蓝莓果膏。

❻ 喇叭水仙花的制作：

（1）将两个大花托剪成五瓣，然后用手掰开。

（2）用中号直嘴沿着五瓣花花托形状，直绕挤成扇形，花嘴微微向外倾斜制作，花瓣就会呈现向外开的效果。

（3）将五片花瓣制作为统一大小的扇形，然后根据花形，用花嘴在圆瓣两侧由里向外修饰出带尖状的花瓣来。

（4）另取一个小号花托，用中号花嘴在花托外抖绕挤或直绕挤成喇叭状，再用喷枪在花瓣外沿喷上橙色或者大红色，即为喇叭形花蕊。然后把它放入做好的花瓣中，再用喷枪在外围五片花瓣上喷上黄色。

❼ 花朵的绿叶可以用浮雕式直接在蛋糕上制作。用小直嘴或者细裱花袋挤出长弯叶子，再用裱花专用毛笔刷平。后面的立体式绿叶，可以把花托剪成叶子状，然后喷上绿色色素，放在蛋糕上做装饰。

（注：没有蓝莓果膏时，也可先用白色透明的荔枝果膏淋上，再喷上蓝色食用色素，使之呈现出蓝色）

 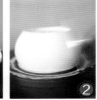

喇叭水仙花制作：

鲜奶油类

3D立体鲜奶油蛋糕

鲜奶油类 >>>

3D立体鲜奶油蛋糕

攀附之花

制作步骤

① 把牛油蛋糕削成6寸大小的直面蛋糕坯，高度略高于普通蛋糕坯，然后抹上奶油，将奶油抹平，奶油顶部要高于蛋糕坯1倍左右，然后用抹刀将奶油瓶里面掏空。

② 在瓶口前部用小雕刀切出带有弧度且较大的"V"字形，用来装饰瓶子的造型，使瓶子更有深度感。然后淋上透明荔枝味果膏。

③ 待果膏干后，用中号圆头裱花专用毛笔，蘸上绿色哈密瓜果膏，在瓶身画出绿色的树叶。

④ 调淡蓝紫色奶油，装入裱花袋，在"V"字形两侧挤出两个花苞，用绿色奶油拉出花梗。

⑤ 再将淡蓝紫色奶油装入裱花袋，用中号直嘴以抖挤的手法在蛋糕面上制作出三片花瓣，如果花瓣毛糙，也可以用扁形毛笔刷光滑。调深紫红色，沿着花瓣边缘挤出细线。

⑥ 用扁形毛笔由外向内刷花瓣，使其形成由深至浅的自然效果。

⑦ 用喷枪在花瓣根部喷上深蓝色，使其更精致，色彩更丰富。

⑧ 另取一个花托，插上牙签，然后在花托上抖挤出三片大小统一的花瓣，作为花蕊。

⑨ 将步骤⑧的花托插在瓶子上花瓣的蕊部即可。

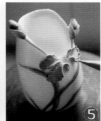

瓶口花

制作步骤

① 将牛油蛋糕坯削成两头小、中间鼓的形状，然后抹上奶油，奶油要高出蛋糕坯高度的1/3。

② 用软质刮片把等同于蛋糕坯高度的面刮平。

③ 将顶部用抹刀由外向内收平，再用抹刀由上向下切出较有深度的瓶口，然后将抹刀向蛋糕中心切收，把内部奶油掏空。

④ 用小型抹刀或者雕刀切出想要的形状，然后淋上透明白色果膏。

⑤ 待果膏面干后，蘸上绿色果膏，用裱花专用的大号圆头毛笔在罐体上绘出绿叶。

⑥ 再用最细小号圆头毛笔，由下往上，或者由上往下画出"S"形弯曲流畅的细线条，作为绿枝。

⑦ 在细条绿枝上分别画出较小的绿叶和花蕾，然后再用深绿色食用色素，在叶子中间部分画出叶子脉络，这样会更有立体感。

⑧ 调紫色奶油装入裱花袋，在蛋糕上直接挤出五片花瓣。

⑨ 将红色奶油装入细裱袋，在花瓣边缘挤出中间粗、两边细的弧线。

⑩ 用扁形毛笔把每片花瓣由外向内刷开刷平，使花瓣形成由深至浅的渐变效果。

⑪ 用最细的圆头毛笔在每一片花瓣上画出细线，使花瓣更加精细好看。

⑫ 最后将深蓝色食用色素装入喷枪，喷在花蕊部分，使花瓣色彩更加丰富。

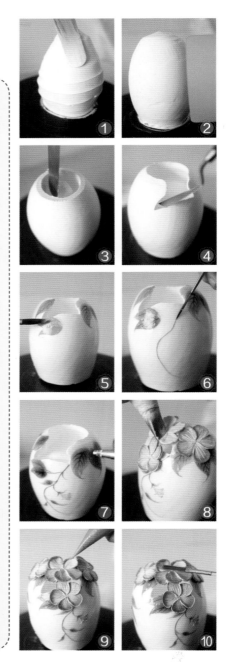

鲜奶油类

3D立体鲜奶油蛋糕

11

12

鲜奶油类 >>>

3D立体鲜奶油蛋糕

① ② ③

寿星

制作步骤

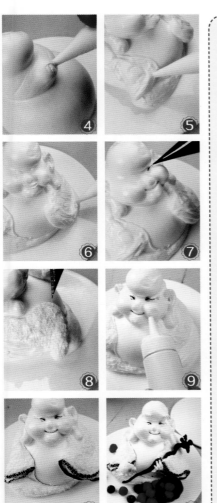

❶ 用刮片把一个8寸的蛋糕坯抹成圆形（做此种构图的蛋糕时最好蛋糕坯小于8寸以下）。

❷ 用裱花袋在蛋糕顶部1/2偏后处挤出大圆球。

❸ 第一个球的大小与蛋糕直径略小些即可，当球挤到约是蛋糕厚度的一半时，挤出第二个小球当成寿星的额头。

❹ 用裱花袋吹出两腮（注意吹好的腮的宽度只能与脸的最宽处一样宽）。

❺ 用较软的鲜奶油挤出两个大衣袖，衣服袖口处挤得略微厚些，这样加做手时就会显得很自然。

❻ 挤衣袖时要用裱花袋先画出轮廓，再在轮廓里填奶油，越接近肩膀处奶油越要薄。

❼ 最后用火枪把脸略微烤一下（因为圆球挤得过大都会表现不细腻，所以烤一下会细腻些），再用巧克力线膏画出五官。

❽ 在做好的衣袖上吐上细丝，此时的鲜奶油要硬些，才能吐出具有立体感的细丝，丝越细越好，但不能吐得太厚，只要把底子都遮盖起来就好。

❾ 用草莓喷粉在脸颊处，加强脸部的立体效果及蛋糕整体的食欲感。用芒果味喷粉在衣服上喷上点黄色，加强衣服立体效果。

❿ 在衣袖口处用巧克力线膏挤出黑边，再裱上白色细花纹，来加强衣服的精致感，在袖口处挤出双手，一手拿拐棍，一手捧寿桃。

⓫ 在脚底下放上用巧克力皮做的花篮（用鲜奶油挤出一个花篮也可以），在花篮周边放上球形水果。

鲜奶油类 >>>
3D立体鲜奶油蛋糕

制作步骤

① 将奶油放入奶油桶里并以中快速打发至六成半（光滑、细腻状），用抹刀将奶油均匀地抹于蛋糕坯上（抹面时奶油应多些）。

② 用大刮片将打好的底坯刮圆、刮光滑。（注：拿刮片时大拇指用力夹住食指第二个关节，防止刮片滑落，小拇指控制刮片长度1/2处以下，中指、无名指辅助，食指控制刮片1/2处以上）

③ 用三角形刮片将蛋糕顶部边缘切出薄边约3cm深。（注：拿刮片时大拇指在刮片的内侧，其余四个手指在刮片外侧并用力将刮片绷紧、拿稳、拿牢，刮片的刮面向外张开约35°，垂直向下压出深度即可）

④ 用长方形刮片将瓶口里的奶油全部取出来。（注：大拇指在刮片的内侧，其余四个手指在刮片的外侧并用力将刮片绷紧、拿稳、拿牢、定型）

⑤ 将整个花瓶淋上一层蓝色果膏。（注：装果膏的裱花袋与蛋糕侧面打开45°左右，果膏跟水的比例为3:1）

⑥ 用吹瓶将瓶口吹出一个弧形。（注：用吹瓶吹面时应注意吹瓶与蛋糕面的距离在5cm左右最佳，手指捏吹瓶的速度越快，气流就越大，相反就越小）

⑦ 用饼干制作出瓶的把手，并且用裱花袋将奶油均匀地挤上去，用毛笔将奶油刷光滑、细腻。

⑧ 用毛笔在瓶口以下2cm处画一圈分界线即可。

小·荷尖角

- -

制作步骤

❶ 把重油蛋糕削成较矮的圆面蛋糕坯，然后将奶油均匀地抹上，奶油顶的高度要比蛋糕高出2/3。

❷ 用软质刮片将蛋糕刮成上下小、中间鼓起的圆面。

❸ 用抹刀在顶面挖出奶油作为壶底，需要挖出占整体高度约1/2的奶油，再淋上荔枝味透明果膏。

❹ 待果膏干后，用喷枪在茶壶底部喷上浅浅的绿色，然后在底部一圈用三角袋挤出几片荷花花瓣。

❺ 然后用扁形毛笔刷光滑。

❻ 用大红色奶油或者粉红色奶油，在荷花花瓣的外沿挤出两头细中间粗的弧线。

❼ 用扁形毛笔把弧线刷开刷匀，再用喷枪喷上一些红色，使其更加自然。

❽ 用最小号细毛笔在花瓣上勾出细线作为装饰。

❾ 在花瓣交界处制作莲子和小花苞，莲子可以用花托进行制作和装饰。

❿ 将大花托剪成五瓣，掰开，然后用最大的直花嘴在花托内部挤一圈作为荷叶。

⓫ 将荷叶用喷枪喷上绿色，中间深、外部浅。

⓬ 用白巧克力做出茶壶把手的造型，然后插在蛋糕上。

⓭ 将绿色奶油装入裱花袋，用圆花嘴沿着巧克力的形状挤出把手，再用毛笔在把手上弯曲的荷叶中间画一道线，使其更加美观。

⓮ 在荷叶与蛋糕面的中间挤一个青蛙的身体。

⓯ 再用细裱袋挤出青蛙的四肢，后腿要略长于前腿。在青蛙头部两侧挤出突出的眼睛。

⓰ 再调蓝绿色奶油，在青蛙的背部挤出三根弯曲的线条。

⓱ 用毛刷将细线刷成面，体现出青蛙背部颜色较深的效果即可。

鲜奶油类

3D立体鲜奶油蛋糕

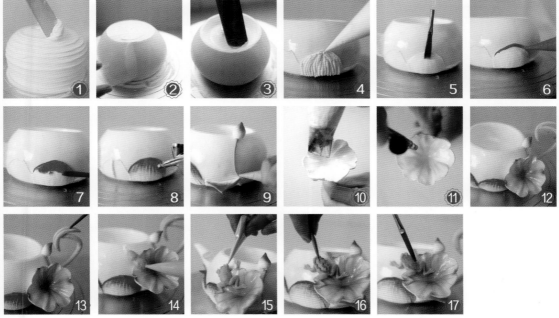

① ② ③ ④ ⑤ ⑥
⑦ ⑧ ⑨ ⑩ ⑪ ⑫
⑬ ⑭ ⑮ ⑯ ⑰

鲜奶油类 >>>

3D立体鲜奶油蛋糕

新绿

制作步骤

❶ 先将蛋糕面抹圆，然后在圆面上用软质刮片向内切收，做成需要的圆口。里面的奶油不需要掏空，可以用刮片把里面刮圆，作为陶瓷罐的盖子。

❷ 将可食用柠檬味果膏淋在表面。由于果膏的质感与陶瓷极其相似，所以果膏是制作本次蛋糕的最佳材料。

❸ 将调好的奶油用叶子形花嘴沿着陶瓷罐口，由下向上直直挤出一片长长的花叶，大约占罐口2/3的位置，再用同样的方法由下往上挤出两根不一样长的叶子在瓷罐盖上。

❹ 在陶瓷罐身挤勾出一束花枝，每个枝头上再挤上白色水滴形花蕾。

❺ 在花蕾的尖部，挤上大红色的奶油，然后用专用裱花毛笔，把红色轻轻刷平，与白色融为一体。

❻ 将做好的蝴蝶兰花摆放在瓷罐盖上即可。

蝴蝶兰花的制作：

❶ 将花托分成五瓣，再修剪为两片大、三片小（如图所示）。

❷ 用中号直嘴，根据修剪形状直绕出两片扇形大花瓣、一片小花瓣，把小花瓣用花嘴在圆的两侧修饰下，做成尖状。

❸ 用喷枪上色，然后在花蕊部位，用叶子形花嘴拔上数片轻小的花蕊，再用喷枪在花蕊处喷一次即可。

一盏茶

制作步骤

❶ 将较薄的重油蛋糕坯抹上奶油，顶面奶油要比蛋糕坯厚，首先将顶部面修平整，然后在面的半径2/3处，向内收切，掏出一个圆口，要有深度。

❷ 用三角纸直接挤出壶嘴的形状，然后用毛笔稍作修整，或者也可以用巧克力作为支柱，再进行制作。

❸ 用白色巧克力制作壶把，再在巧克力上刷一层奶油。

❹ 用喷枪将壶喷上蓝色进行装饰。

❺ 将五个小花托修剪为五瓣花的形状，并掰开。

❻ 用小直嘴在花托上挤出五个花瓣，每一瓣略呈心形。

❼ 在花蕊部位喷上浅红色，挤上花蕊作为装饰。

❽ 做好五朵小花，在壶身放三朵，壶把放两朵，然后再做出叶子作为装饰点缀。

❾ 将花托剪出鸟尾的形状，然后与巧克力片粘在一起，干后使用；将牙签插在花托上，用奶油在花托和巧克力上整体挤出一层奶油作为小鸟的身体，然后用毛笔刷光滑。

❿ 将巧克力粘在身体两侧作为翅膀的支撑，然后将奶油挤在巧克力表面，用毛笔刷平。

⓫ 用蓝色和黑色调出合适的颜色，用三角袋挤在尾巴和翅膀上，然后用毛笔刷平。

⓬ 在身体的头部和背部喷上深蓝色即可。

鲜奶油类

3D立体鲜奶油蛋糕

⑪ ⑫

鲜奶油类 >>>

卡通鲜奶油蛋糕

①

②

逗趣大象

制作步骤

① 将花嘴轻贴于蛋糕表面，倾斜挤出臀部圆球，顺势向前拉伸出胸部圆球与脖颈。

② 花嘴紧贴臀部右侧，挤出大腿肘关节，顺势向下挤出小腿。

③ 将花嘴放平插入颈部右侧，由粗到细挤出前右腿的肘关节和小腿。

④ 在臀部中间部位挤出短的尾巴，然后将花嘴插入颈部左侧，挤出左前腿，注意腿部关节的表现。

⑤ 将花嘴倾斜插入颈部挤出头部圆球。

⑥ 在圆球的1/3处两侧吹出腮部圆球。

⑦ 将花嘴继续顺势向下、向上、向前，由粗到细挤出长长的鼻子。

⑧ 用与身体同色的奶油细裱，在鼻子的下方做出嘴巴，在腮部上方两侧挑出眼眶。

⑨ 将直花嘴竖起紧贴在两耳与腮部之间，边转动花嘴角度边挤出两只扇形的耳朵。

⑩ 用与身体同色的细裱挑出圆圆的鼻孔，在两只耳朵上做出少许耳纹。

⑪ 继续用与身体同色的细裱挤出前、后脚趾圆球。

⑫ 用白色奶油突出眼眶，在鼻子根部、嘴角的两侧由粗到细挤出两根稍弯的象牙，用粉红色奶油细裱挤出嘴部肉色。最后用黑色巧克力细裱表现出五官，用红色奶油表现出舌头。

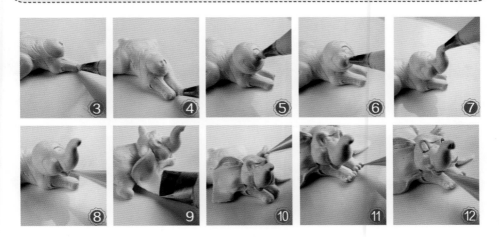

鲜奶油类 >>>

卡通鲜奶油蛋糕

功夫熊猫

制作步骤

① 用装有黄色色素的喷枪在蛋糕的表面进行喷饰，表现云彩的效果，注意明暗表现，深浅过渡。

② 先用蓝色奶油细裱挤出石头的雏形，再用毛笔压出石头的纹路和层次感。

③ 先用装有橙色色素的喷枪在石头与地面之间进行喷饰，然后用橙色奶油细裱在石头上点小点。

④ 用咖啡色奶油细裱表现树木枝干，再用小号细毛笔对树干进行勾画，表现树木的纹路。

⑤ 用深红色奶油细裱在树干上进行点缀，表现树叶的密度，注意层次感，高低起伏的感觉。

⑥ 用黄色奶油细裱在蛋糕的底部写上英文字体，字体的角度借助蛋糕的倾斜度立起，使英文字体更有立体感。

⑦ 将咖啡色奶油装入裱花袋，将圆嘴平对蛋糕侧面，贴着蛋糕面制作师父的身体，由大至小，略向上翘起。

⑧ 用咖啡色奶油细裱制作衣服纹路，要清晰自然，并用毛笔进行细节刻画，最后用黑色朱古力细裱刻画出腰带和衣领。

⑨ 用蓝色奶油和黄色奶油细裱制作袖口和裤腿，注意肢体动态的表现，最后用小号细毛笔勾画细节。

⑩ 用圆嘴先挤咖啡色圆球作为臀部，再用白色奶油制作身体。

⑪ 在身体上方1/3处的两侧制作上肢，注意上膀臂和下膀臂的粗细变化和动态。然后在臀部上方两侧制作肢体，注意关节的弯度，动态的表现。

⑫ 用圆嘴挤圆球表现偏大的头部，然后接着再挤一个小圆球作为嘴巴。（注意花嘴要倾斜45°）

⑬ 用白色奶油细裱插入脸部的中间，从头顶部分挤奶油，向下延伸至嘴巴的前端，作为鼻梁，然后在嘴巴的上方，鼻梁的两边制作额头，耳朵在头顶偏后方的两端用细裱袋挤出，呈圆形，最后用小号细毛笔刻画五官的细节。

⑭ 用咖啡色奶油、橙色奶油细裱在臀部的裤子上制作补丁，然后用扁毛笔刷平。

⑮ 用黑色朱古力细裱刻画五官表情。

⑯ 用圆嘴挤师父的头部，呈扁圆球，紧接着拉出脸部，然后用奶油细裱先从脑袋和脸部的中间，从头顶位置插入向下延伸至脸部的最前端，表现鼻梁，鼻头略凸出，然后用奶油细裱在鼻梁的两边，由中间向两边绕半圈刻画偏大的眼眶。

⑰ 在头顶的后方两侧，向两边上方45°制作耳朵，然后用奶油细裱刻画嘴巴细节和胡须，并用橙色奶油对脸部进行点缀。

⑱ 用黑色朱古力针对熊猫的上肢和腿部进行表面的涂饰。

国宝总动员

制作步骤

❶ 把抹好的圆面进行切割，形成后高前低的形状，前后的面积大小相等，然后用动物嘴大概表现出浪花的层次感。（注意要表现出水流的方向，然后用小号毛笔刻画水纹的细节）

❷ 用动物嘴，在水流上挤出长条形的石头，注意大小、高低之分，然后用中号扁毛笔把石头的表面刷出纹路。

❸ 先用花托借助熔化的巧克力对接，作为熊猫的身体，连接好后，用巧克力棒焊接的方式制作肢体的关节并和身体连接，用熔化好的巧克力粘接，确保牢固，然后对这个蛋糕进行构图，把熊猫的雏形放置在不同位置上，然后用动物嘴在表面涂上薄薄的一层奶油。

❹ 用中号扁毛笔把鲜奶油刷匀，再用动物嘴在身体的前端挤圆球，作为头部。

❺ 在头部挤上小圆球作为嘴巴，并用奶油细裱在脸部的下方两边插入吹腮，再从头顶中间部分向下延伸表现鼻梁、鼻头。

❻ 用奶油细裱在头顶偏后方的两边挤出耳朵，然后刻画嘴形，再用中号扁毛笔呈45°，放置熊猫嘴巴上方，鼻梁两侧，由上向下，呈"八"字形压出眼眶并细节化。

❼ 用巧克力专用喷枪，调制巧克力和可可脂按一定的比例调配，喷饰整个蛋糕，喷饰时要调节好巧克力喷枪的巧克力出量与蛋糕之间的距离。

❽ 最后用黑色朱古力对熊猫进行五官表情的刻画。

鲜奶油类

卡通鲜奶油蛋糕

鲜奶油类 >>>

卡通鲜奶油蛋糕

海底美人鱼

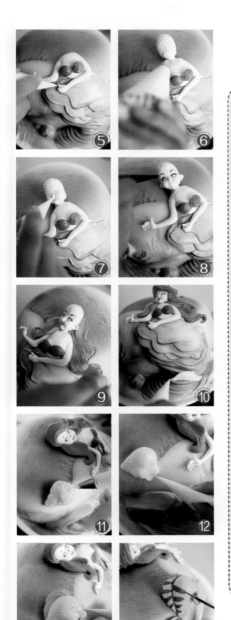

❶ 背景制作：在圆面的侧面做有层次的岩石。

❷ 用喷枪喷出岩石颜色及明暗。

❸ 主题美人鱼的制作：调肉色、蓝色、红色备用，用肉色奶油做出上身，毛笔刷光滑。

❹ 做出细长的手臂以及胸部，挤上蓝色的围胸。

❺ 拉出另一个手臂，做出手指。

❻ 肉色奶油做脸部，花嘴倾斜由上至下，拉出椭圆形脸。

❼ 肉色细裱做出两个腮部，且注意细裱需倾斜，从中间插入，挤小圆球作为鼻子。

❽ 黑色巧克力细裱出眼睛、眉毛。

❾ 红色奶油做出大波浪式的头发。

❿ 白色奶油做出尾巴，喷上绿色。

⓫ 花嘴倾斜用由小到大的挤法挤出小鱼的身体。

⓬ 用毛笔刷光滑后，细裱吹出两个腮部，拉出嘴巴的弧形线条。

⓭ 做出小鱼可爱的大鼻头，挑出眼框，填上白色，细裱出眼睛、眉毛。蓝色奶油做出鱼尾和鱼鳍。

⓮ 最后用蓝色色素和奶油调稀，用毛笔蘸着在鱼尾和鱼鳍上画出线条。

鲜奶油类 >>>

卡通鲜奶油蛋糕

①

②

雪景中的米老鼠

制作步骤

① 背景：首先把蛋糕面喷出蓝色天空，然后画出房子的形状，再用橙色奶油按形状涂。

② 修饰出房子的细节部分。

③ 白色奶油表现出被雪覆盖的山坡和路面。

④ 用专用毛笔把山和路表面刷光滑。

⑤ 先用白色奶油做出松树的形状，然后在每层的缝隙处，拔出绿色松叶，好似被雪覆盖的松树。

⑥ 做出房顶和栏杆上的雪。

⑦ 用喷枪给山和路的缝隙间喷上蓝色。

⑧ 米老鼠的制作：用绿色挤出米老鼠的上身衣服，并修饰好衣服的纹路。

⑨ 蓝色做出米老鼠的裤子，膝盖处要高才能表现出身体的立体效果，而且表面要光滑。

⑩ 用黄色奶油做出两个大头鞋来，使表面光滑。

⑪ 肉色奶油做脸部，花嘴倾斜由上至下，拉出一个扁的圆形脸。肉色细裱做出两个腮部，且注意细裱需倾斜，从中间插入，拉出小的圆锥形鼻子。

⑫ 加上两个扁扁的圆形耳朵（耳朵可以用巧克力做支撑），黑色巧克力线膏画出米老鼠的脸形，并把脸形以外涂上黑色，细裱出眼睛。添加上细节部分。

鲜奶油类 >>>

卡通鲜奶油蛋糕

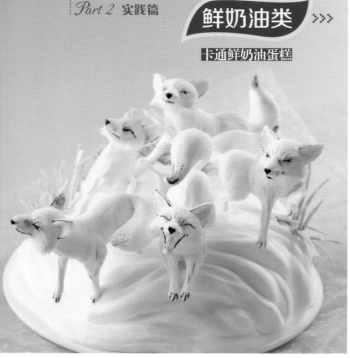

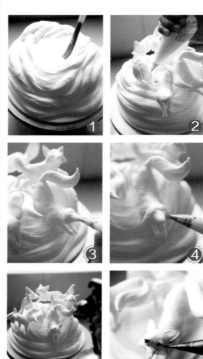

狼的诱惑

制作步骤

❶ 在抹好的圆面上用圆嘴挤出一道道的纹路状，互相交错，围绕整个蛋糕面表现雪地的雏形。

❷ 先用花托借助熔化的巧克力对接，狐狸的身体用3个花托连接好后，用巧克力棒焊接的方式制作肢体的关节和身体连接，用熔化好的巧克力对接，确保牢固，然后对这个蛋糕进行构图，然后用小号圆嘴涂在狐狸身体的表面，然后用中号扁毛笔把身体刷光滑，注意身体的体型和肌肉感。并且每只狐狸的肢体动态要自然丰富。

❸ 用动物嘴插入颈部内挤出水滴形头部，脸部和脑袋的长度要相等，并且嘴巴稍尖。

❹ 将花嘴插入头部球最下方两侧吹出腮。

❺ 用高压喷枪喷上白巧克力浆（如果没有这种喷枪就用白果膏淋一层也可以）。

❻ 用巧克力线膏画出狼的五官。

三只老鼠

制作步骤

① 用巧克力做出圆板，然后喷上所需颜色。

② 在巧克力板中心处做出老鼠胖胖的身体，然后做上薄的衣服，用毛笔刷光滑。

③ 圆嘴做出老鼠的头部，上窄下宽形，细裱做出两个腮帮。

④ 在两侧用同种方法分别做出两个小一点的老鼠。

⑤ 用蓝色奶油给右边的老鼠穿上衣服，细裱出衣服的细节。

⑥ 细裱出几个老鼠的脸部细节。

⑦ 给老鼠身体加细的毛，有层次感，奶油稍微硬一点，这样有立体感。

⑧ 将做好的底板放在蛋糕上，做上周围的装饰，要有被火烧过的感觉。

博士和大猩猩

制作步骤

❶ 背景制作：从蛋糕侧面用白色奶油做出石头，石头需有高有低，雕刀表现出石头中心的棱角。

❷ 用喷枪给石头上色，石头缝隙处颜色较深呈黑色，其他用咖啡色。

❸ 树的制作：先用咖啡色做出树干，再用绿色和深绿色表现出树的明暗。

❹ 以挤小点的方式来表现树叶，在树底做出草坪，毛笔刷光滑。

❺ 大猩猩的制作：在蛋糕中心处做出猩猩的身体大形，使身体呈椭圆形，肚子处微微向前凸出。

❻ 在肚子两侧做出腿部，大、小腿偏小，脚掌比较大，脚趾长。

❼ 在身体两侧拉出手臂，表面刷光滑。

❽ 花嘴呈75°角，挤头部圆球，嘴巴向前凸出，脸部呈心形。

❾ 细裱出五官，挑出眼眶及眉骨，嘴巴呈三角形，拉出嘴角。

❿ 红色奶油在嘴角里侧做上底色，白色表现出牙齿，用黑色裱出五官。

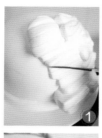

鲜奶油类

卡通鲜奶油蛋糕

吉诺密欧与朱丽叶

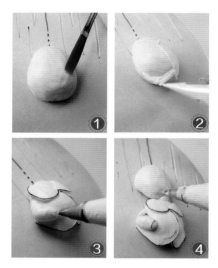

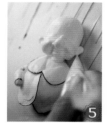

制作步骤

❶ 花嘴倾斜贴于面挤圆锥形身体，上窄下宽形，用毛笔把表面修饰光滑。

❷ 黄色细裱勾出衣服的形状。

❸ 黑色巧克力线膏裱出衣服的轮廓线，圆嘴做出衣袖。

❹ 肉色奶油做脸部，花嘴倾斜由上至下，拉出椭圆形脸。

❺ 肉色细裱吹出两个腮帮，挤出下巴，加上鼻子和耳朵。

❻ 挑出眼眶和眉骨。

❼ 黑色巧克力线膏细裱出眼睛和粗的眉毛。

❽ 用粉色喷粉给两个腮部喷上腮红，白色奶油拔出胡须，中间长两边短。

❾ 蓝色奶油做出长筒帽，用毛笔把表面刷光滑。

❿ 最后加上纽扣、手和鞋子。

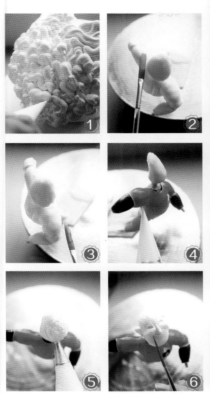

鲜奶油类

卡通鲜奶油蛋糕

超人总动员

制作步骤

① 背景火焰的表现方法：以绕圆的方式来表现火焰的高低，最后用小细裱来修饰细节。

② 超人的制作：先用巧克力来做超人的身体支架，巧克力支架需向前倾斜45°角，用奶油做出身体，上宽下窄形，需表现出上身的肌肉感来，膀臂上粗下细。

③ 做出身体下端略偏小的腿部。

④ 给身体上色：用毛笔蘸上红色果膏给超人做出衣服颜色，手臂处涂上黑色，再用白色奶油在黑色与红色接口处加上细线条，使其更显精致。

⑤ 用肉色做出脸部，脸形为上窄下宽形。

⑥ 五官位置：吹出两腮，先确定好位置，挑出眼眶、嘴巴，再在脸上涂上白色果膏。

⑦ 用黑色细裱做出眼罩。

⑧ 橙黄色奶油做出头发。

鲜奶油类 >>>

卡通鲜奶油蛋糕

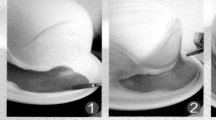

七个小矮人

制作步骤

① 在圆面上做出山和路的背景，路是用咖啡色奶油做的，表面要光滑。

② 用喷枪给山喷上黄绿色。

③ 在山坡上挤上不同颜色的树木，树干用咖啡色奶油做，树根粗些，树梢细些。

④ 用深绿色和淡绿色奶油做树叶，使立体效果更强些。

⑤ 枫叶就用橙黄色奶油来表现。

⑥ 小矮人（爱生气）的制作：首先用红色奶油做出身体，肉色做头部，用细裱袋吹腮，从脸的中间插入，分别由脸两边向中间挤奶油。

⑦ 做出夸张的大鼻头，画出嘴巴线条，做出眼睛和带有生气状的怒眉。做出白色大胡须。

⑧ 小矮人（瞌睡虫）的制作：做出鹅蛋形身体，把表面修饰光滑。

⑨ 做出深色的裤子、鞋子，做出上衣的衣边，修饰好细节，以同种方法做出头部，细裱细节。

⑩ 小矮人（万事通）的制作：用橙色奶油做出身体，上身肥大，特别是肚子要鼓，腿要细长。

⑪ 裱出衣服上的细节，调肉色奶油做脸部，花嘴倾斜由上至下，拉出椭圆形脸。细裱做出两个腮部，且注意细裱需倾斜，从中间插入。

⑫ 挤大圆球作为鼻子，小号毛笔挑出眼眶。

⑬ 黑色巧克力细裱出眼睛，做出胡须，戴上眼镜，最后挤出咖啡色帽子。

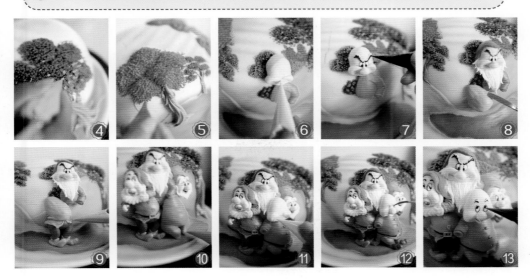

鲜奶油类

卡通鲜奶油蛋糕

森林中的蓝精灵

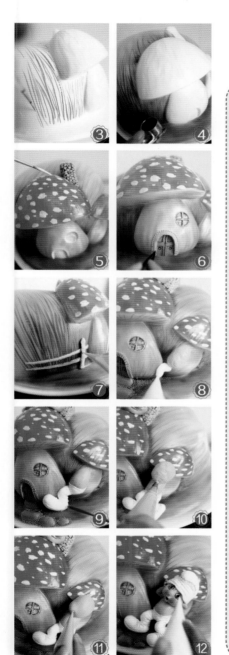

③

④

⑤

⑥

⑦

⑧

⑨

⑩

⑪

⑫

制作步骤

① 背景蘑菇房子的制作：首先把蘑菇房子的大概形状挤出来。

② 把蘑菇房子表面用毛笔刷光滑，留出门和窗的位置。

③ 在蛋糕侧面用毛笔画出小草。

④ 用喷枪给背景喷上绿色，地面喷上咖啡色。

⑤ 再把蘑菇房子的顶喷成红色，墙喷上橙色，用毛笔蘸白色奶油涂在蘑菇房顶上，形成图案。

⑥ 咖啡色奶油做出门，灰色奶油做出门框和窗框，再进行细节处理。

⑦ 橙黄色奶油做出蘑菇房子两边的栅栏。

⑧ 人物的制作：蓝色奶油做出身体，花嘴需倾斜，由上至下，上窄下宽。

⑨ 白色奶油做出腿和比较大的鞋子，细裱做出裤子的褶皱，以同种方法做出另一条腿。

⑩ 头部制作：调蓝色奶油做脸部，花嘴倾斜由上至下，拉出椭圆形脸。

⑪ 蓝色细裱做出两个腮部，且注意细裱需倾斜，从中间插入，挤大圆球作为鼻子。

⑫ 挑人物的眼眶，体现出眼睛的立体感来，细裱不挤奶油，由下至上挑，掏空眼窝。细裱人物的眼睛，用黑色巧克力细裱勾勒出眼睛的形状，眼睛大而圆，加出高光点。做出白色的帽子，黑色勾出细节即可。

顽皮的米奇

制作步骤

❶ 将动物圆花嘴在蛋糕表面挤出饱满的红色水滴形。

❷ 在水滴形身体的左右两侧挤出腿的根部形状。

❸ 做出褶皱纹路。

❹ 将白色奶油细裱在右腿根处，分别向上、向后挤出两根由粗到细的线条（臂膀），并用红色奶油细裱，将白色臂膀固定。

❺ 用白色奶油分别在两条腿的根部处挤出腿部，再用黄色奶油挤出鞋子圆球（前端粗后面细，并做出裤管口与鞋口形状）。

❻ 用白色奶油裱花圆嘴，在颈部挤出头部圆球。

❼ 做出腮部。

❽ 在两个腮部之间挤出尖翘的鼻子，将奶油细裱插入腮部做出嘴角。

❾ 用奶油细裱在两个嘴角之间挑画出扁"V"形的嘴巴。

❿ 用奶油细裱在鼻子根部挑出眼眶，两个眼眶呈长圆形，一样大小。

⓫ 在头部圆球后面两侧挤出耳朵，再用黑色巧克力细裱表现出五官。

⓬ 用黑色巧克力细裱将两条胳膊涂色，用白色奶油细裱挤出手指。

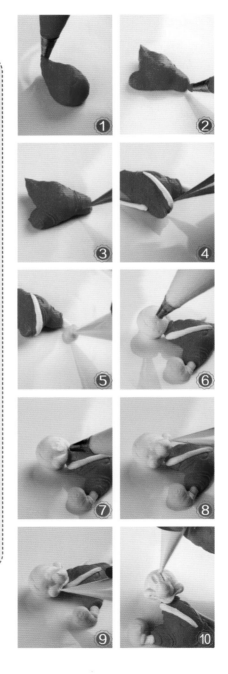

鲜奶油类

卡通鲜奶油蛋糕

⑪   ⑫

鲜奶油类

卡通鲜奶油蛋糕

{王者风范}

制作步骤

❶ 在抹好的圆面上用奶油和雕刀配合，在整个蛋糕面的最后方和右下方表现两块凸起的部分。

❷ 用动物嘴从整个蛋糕的最后方凸起部分开始，以拉线条的方式表现水纹，再用勾线笔刻画水纹的细节，表现时注意水流的高低起伏，体现动感。

❸ 先用花托借助熔化的巧克力对接，老虎和猎豹的身体用4个花托，狮子的身体用3个花托，连接好后，用巧克力棒焊接的方式制作肢体的关节并和身体连接，用熔化好的巧克力对接，确保牢固，然后对这个蛋糕进行构图（注意三只动物的身体造型都不同，摆放的姿势也不同，然后用动物嘴在三只动物的身体、肢体、尾巴部分涂上奶油，再用中号扁毛笔刷平）

❹ 再用28号动物嘴在三只动物的身体上拉出一些不规则的线条，体现肌肉的效果，然后用中号扁毛笔使线条和身体融合在一起，体现更逼真的肌肉效果。

❺ 用29号动物嘴先挤老虎的头部，倾斜45°插入颈部内挤扁圆球，在整个头部的最下方挤小圆球作为嘴巴，紧接着上方插入挤出两个又大又圆的肉球，在肉球的上方之间插入脸部延伸出鼻梁，在肉球的两侧插入脸部吹出腮帮，最后用奶油细裱刻画老虎头部细节，整个脸部骨骼清晰饱满。

❻ 用29号动物嘴倾斜45°插入颈部内制作豹子的脑袋，偏小，在脑袋的最下方挤小圆球作为嘴巴，接着上方挤两个圆球，偏小，在整个头顶用奶油细裱插入向前、向下碰至肉球再向前延伸出鼻梁，然后在鼻梁的两边和肉球的上方插入吹出两个小腮，最后再刻画脸部细节，豹子的头部圆润。

❼ 用29号动物嘴倾斜45°插入颈部内挤圆球再略向前延伸作为狮子的脑袋，在脑袋的最下方挤小圆球作为嘴巴，接着上方挤两个圆润的肉球，在肉球的正上方之间插入脑袋内向前延伸出鼻梁，再用奶油细裱挑出额头、眉中骨，整个五官骨骼清晰，脸形偏长。

❽ 用巧克力专用喷枪，将巧克力和可可脂按一定的比例调配，喷饰整个蛋糕，喷饰时要调好巧克力喷枪的出巧克力量与蛋糕之间的距离。

❾ 最后用黑色朱古力对三只动物进行五官表情的刻画，要注意线条的粗细变化，体现动物的凶猛状态。

鲜奶油类 >>>

卡通鲜奶油蛋糕

① ② ③

王者归来

制作步骤

❶ 用装有橙色色素的喷枪在蛋糕的表面由下至上，由深至浅，进行喷饰，顶部留有2/3的空间喷饰淡黄色。

❷ 用淡蓝色奶油倾斜45°表现大象的身体，由臀部挤至颈部，由大至小，肚子较凸出，然后在臀部两侧下方制作下肢，由粗至细，再把花嘴移至身体上方1/3处的两侧制作上肢，肢体表现时需要注意关节的自然。

❸ 用29号动物嘴倾斜45°挤头部，然后在头部的下方向两侧挤腮。

❹ 插入腮部中间，由粗至细制作象鼻，注意形状的表现。

❺ 用中号扁毛笔刻画脸部细节，嘴形和眼部用奶油细裱刻画，注意饱满程度，再用大号直花嘴，宽口向里，薄口朝外，贴着脸部由上至下制作耳朵。

❻ 用白色奶油细裱写英文字母，肢体的角度在30°左右，体现立体效果，并且英文字母的上部较宽。

❼ 将圆嘴放在蛋糕的侧面倾斜45°，由下至上、由大至小制作老鼠的身体，肚子部分较凸出。

❽ 用奶油细裱在臀部的最下方两侧制作下肢，注意关节的表现，动态要自然。

❾ 用圆嘴倾斜45°挤扁圆球作为脑袋，然后在脑袋的下方向两边表现腮，最后在腮部的中间插入，由粗至细向上方翘起表现鼻子。

❿ 用奶油细裱刻画额头和嘴形，表现时细裱要插入，达到整体性。

⓫ 用蓝色、深蓝色由下至上依次拔出身体毛发，要有层次感。

⓬ 用粉红色奶油挤在耳朵内，并用中号扁毛笔将其刷匀。

⓭ 用装有蓝色色素的喷枪对大象的整体进行喷饰，主要体现明暗对比。

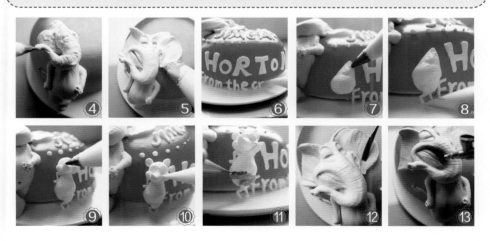

翻糖蛋糕类 >>>

翻糖花卉蛋糕

制作步骤

① 将咖啡色翻糖揉匀后擀成薄皮,用捏塑刀裁出宽度相同的长条,围在蛋糕底部,然后取小块红色翻糖擀成薄皮,裁圆铺放在蛋糕面上,用手整理出边缘褶皱。

② 将白色翻糖揉匀擀成薄皮,然后用花模压出所需要的花瓣。

③ 将六瓣花瓣放在海绵垫上,用豆形棒由外向内划压,使花瓣自然向内翘起。

④ 将八瓣花瓣放在海绵垫上,豆形棒放在花瓣边缘由外向内划压,然后将花瓣翻过来,用针形棒对准花瓣中心位置向下压出花蕊位置。

⑤ 将两种花瓣粘接到一起,大花瓣在外小花瓣在内,用豆形棒对准花蕊压紧,然后插到竹签上。

⑥ 用大拇指将外层花瓣向内挤压,使花瓣边缘褶皱自然翻翘。

⑦ 将毛笔蘸上柠檬黄色色粉后刷在花蕊处。

⑧ 取小块咖啡色翻糖搓成小圆球后粘贴在花蕊中间,用剪刀依次将小花插在蛋糕顶部呈圆球形,中间高四周低。

制作步骤

① 取小块白色巧克力泥揉匀后擀成薄皮，用花模压出所需要的花瓣，然后将压好的花瓣放在海绵垫上，用针形棒尖头由上向下划压。

② 将花瓣的尖头放置面前的右斜上方，将针形棒圆头放在花瓣最外层，由斜上向下擀（花瓣整体的尖头1/4处无须擀皱），使花瓣边缘自然褶皱翻翘。

③ 在每个花瓣反面尖头根部蘸少量水后稍倾斜粘贴在蛋糕面的一边，将花瓣依次摆放在蛋糕面上呈圆形，作为第一层。

④ 在花瓣反面尖头根部蘸少量水后依次将花瓣粘贴在第一层内，需向内收起并要比第一层短一些。

⑤ 依次粘贴好第三层（第三层花瓣要比第二层花瓣稍短一些），然后取小块黄色巧克力泥或翻糖搓圆后，用针形棒在圆球中间压出凹槽，作为花蕊。

⑥ 取小块绿色翻糖擀成薄皮后，用叶模压出所需要的叶子。

⑦ 将压好的叶子放在海绵垫上，用针形棒由上向下划压出线条纹路，使叶子边缘自然翻翘。

⑧ 用黑色巧克力泥或翻糖揉匀后搓成长条围边，用针形棒圆头在长条表面的1/2处向下压成O形凹槽，作为花边装饰。

翻糖蛋糕类

翻糖花卉蛋糕

翻糖蛋糕类 >>>

翻糖花卉蛋糕

四叶物语

制作步骤

❶ 事先备好所需要的材料工具。

❷ 将绿色翻糖揉匀后用擀面棍擀成薄皮。

❸ 用花模压出所需要的三叶花瓣（其中需有一个四瓣花瓣）。

❹ 将压好的花瓣取一部分反面涂少量水后依次粘贴在蛋糕面上，以近大远小的规律摆放。

❺ 将四瓣花瓣和余下的三叶花瓣放在海绵垫上，将豆形棒放在花瓣的边缘由外向内划压，使花瓣自然卷起。

❻ 用豆形棒将所有的三瓣花依次粘接在蛋糕面上，无须规律，其中一个四瓣花粘接在整体蛋糕的正面。

❼ 将咖啡色软质巧克力或翻糖装进细裱袋内，分别在每个小花中间挤上花蕊。

❽ 三瓣花用咖啡色挤出三个小点作为花蕊，四瓣花用柠檬黄色挤出四个小点作为花蕊。

翻糖蛋糕类 >>>

翻糖花卉蛋糕

Happy

甜蜜心·语

制作步骤

❶ 将绿色翻糖揉匀擀成薄皮，然后用捏塑刀裁出长条，依次以倾斜角度粘贴在蛋糕侧面。

❷ 将紫红色、粉色、淡粉色翻糖依次擀成薄皮，用相应的花模压出不同的小花。

❸ 将紫红色小花放在海绵垫上，用豆形棒由外向内划压，使小花整体向内翻。

❹ 用豆形棒抵住小花瓣，用食指和大拇指在花瓣顶部捏出小尖。

❺ 将粉色和淡粉色小花放在海绵垫上，用豆形棒由外向内划压，使小花瓣向上、向内翻翘。

❻ 将翻翘好的花瓣向下，用豆形棒在花蕊部位向下压。

（注：豆形棒放在花蕊中间不能太用力，轻轻下压即可，使小花自然呈现花蕊部分）

❼ 用豆形棒依次将小花按压在蛋糕侧面，花瓣颜色和花型摆放无须规律。

❽ 用柠檬黄色翻糖搓成相同大小的圆球，依次粘贴在花蕊中间即可，无须压扁。

翻糖蛋糕类 >>>

翻糖花卉蛋糕

心·恋

制作步骤

① 将粉色翻糖擀成薄皮，然后用捏塑刀裁出宽度相同的长条，围在蛋糕侧面根部。

② 将粉色长条两边对折后，用剩余相同宽度的长条贴压在根部接口处，修整成蝴蝶结状，粘贴在蛋糕侧面彩带上。

③ 将红色翻糖揉匀后擀成薄皮，用相应的花模压出所需要的花瓣。

④ 用大拇指和食指将花瓣边缘压扁、压薄，然后折叠成花苞状。

⑤ 在花瓣表面涂上水后粘贴在花苞上。

⑥ 粘贴花瓣时，每层花瓣应错开摆放。

⑦ 用手将最后一层花瓣边缘压出褶皱花瓣自然弧度。

⑧ 将做好的粉色玫瑰、红色玫瑰依次摆放在蛋糕面上的心形内。

（注：花瓣颜色、花卉大小无规律摆放，占满整个心形即可）

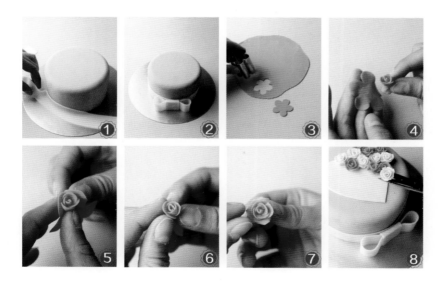

制作步骤

❶ 用绿色、红色翻糖或巧克力泥擀成薄皮后，用捏塑刀裁出长条围在蛋糕侧面底部（绿色在内，红色在外）。

❷ 将绿色翻糖或巧克力泥揉匀后擀成薄皮，用捏塑刀裁出相同宽度的长条，然后用手拿起长条一角折放后用捏塑刀切压，做出中间镂空呈水滴形的彩带装饰。

❸ 将彩带根部捏紧后依次摆放在蛋糕侧面围边接口处。

❹ 用红色翻糖或巧克力泥擀成薄皮，用花模压出所需要的花瓣，然后用捏塑刀在花瓣中间位置划压出树叶状的线条。

❺ 将压好线条的花瓣放在海绵垫上，用针形棒的尖头压住花瓣根部，使两边自然翻翘。

❻ 将花瓣依次粘接在事先做好的绿色花托上（花托的做法与前面相同）。

❼ 取小块黄色翻糖或巧克力泥搓成三个相同大小圆球依次粘贴在花蕊位置，呈三角形摆放。

❽ 在红色花瓣的边缘做绿色树叶，做好点缀后将花插在蛋糕面的一边即可。

翻糖蛋糕类

翻糖花卉蛋糕

翻糖蛋糕类 >>>

翻糖花卉蛋糕

叶之歌

制作步骤

❶ 将墨绿色、果绿色、咖啡色、橙色、蓝色翻糖分别用擀面杖擀成薄皮，然后用捏塑刀裁出大小相同的叶子。

❷ 用捏塑刀在每个小叶子表面划压出树叶线条后反面涂上水，依次粘贴在蛋糕侧面。

❸ 将白色翻糖揉匀擀成薄皮，然后用花模压出所需要的花瓣，然后用捏塑刀在每个小花瓣上划压出三根细线条，线条要中间长两边短。

❹ 将所有小花瓣放在海绵垫上，用手在每个花瓣边缘处捏出小尖，将豆形棒对准花瓣中间向下压出花蕊。

❺ 用毛笔蘸上柠檬黄色色粉刷在花蕊处。

❻ 将小块咖啡色翻糖或巧克力泥搓圆压扁后粘接在蛋糕面顶部，作为支撑。

❼ 将做好的小花依次摆放在支撑周围，小花之间需紧凑。

❽ 将小花依次摆满在支撑上，取小块咖啡色翻糖或巧克力泥搓成相同大小的圆球，用针形棒对准小圆中心压出凹槽，然后粘接在花蕊位置。

翻糖蛋糕类 >>>

翻糖花卉蛋糕

隐藏爱恋

制作步骤

① 将红色翻糖揉匀，用擀面杖擀成薄皮，然后用捏塑刀裁成长条。

② 将淡绿色翻糖揉匀擀成薄皮，用捏塑刀裁出宽度相同的长条（淡绿色长条需比红色长条细窄）。

③ 将裁好的淡绿色细条和红色长条反面涂上水后，交叉粘贴在蛋糕面上，相同颜色线条之间间距要相等。

④ 将红色、淡绿色长条折叠成彩带，依次粘接在蛋糕顶部。

⑤ 将白色翻糖揉匀后擀成薄皮，用花模压出所需要的花瓣。然后将花瓣依次拿放在海绵垫上，用豆形棒由外向内划压，使花瓣自然翻翘。

⑥ 翻翘好的花瓣正面向下，用豆形棒对准花瓣中心向下压出凹槽。

⑦ 用针形棒圆头依次将花瓣粘接在事先做好的白色小花托中（花托的做法同前面相同）。

⑧ 然后用剪刀将小花依次插在蛋糕面顶部即可。

翻糖蛋糕类 >>>

翻糖花卉蛋糕

斑斓

制作步骤

❶ 取小块绿色翻糖揉匀后搓成由粗到细的长条，粗头在下、细尖在上，无规律摆放到蛋糕上。

❷ 绿色长条可以随意摆放弯曲，定型后粘贴在蛋糕侧面。

❸ 将粉红、大红色翻糖揉匀后擀成薄皮，分别用花模压出所需要的花瓣。

❹ 将花瓣依次放在海绵垫上，用针形棒圆头放在小花瓣边缘处，由外向内划压，使每个小花瓣自然向上翻翘。

❺ 用针形棒圆头对准小花中心向下压，使花瓣自然呈现出花蕊。

❻ 将压好花蕊的小花反面蘸少量水粘接在绿色线条尖部，用针形棒圆头抵压住花蕊。

❼ 用黑色巧克力泥或翻糖揉匀搓成细长条，用捏塑刀切出相同大小的圆柱，搓圆后用针形棒圆头在小球中间压出凹槽。

❽ 依次将小花蕊粘贴在花中间，用针形棒的圆头依次压紧。

制作步骤

典雅

① 将黑色巧克力泥或翻糖揉匀后擀成薄皮，用捏塑刀裁成宽窄、长短相同的长条，将裁好的长条依次摆放粘贴在蛋糕面上，长条之间间距相同。

② 将白色翻糖擀成薄皮后用花模压出所需要的花瓣。

③ 将压好的小花瓣放在海绵垫上，用豆形棒由外向内划压，使边缘小花瓣向上、向内翻翘。

④ 用手将小花瓣拿放在小花托上，用针形棒圆头压住花蕊，使花瓣粘接在花托上。

⑤ 用毛笔蘸上柠檬黄色色粉刷在花蕊根部，然后用剪刀依次将小花插在蛋糕中心，以球形摆放的方式，从中间向四周摆放。

⑥ 取小块黑色巧克力泥或翻糖擀成薄皮后用捏塑刀裁成长条，用手折起长条一角，用捏塑刀切压，中间镂空整体呈水滴形。

⑦ 将切好的小彩带依次摆放在小花根部，整体呈圆形，彩带之间间距不同。

⑧ 取小块黑色巧克力泥或翻糖揉匀搓成小圆球，用针形棒圆头在小球中间压出凹槽，然后粘贴在花芯中间。

翻糖蛋糕类 >>>

翻糖花卉蛋糕

纯真的爱恋

制作步骤

❶ 将紫蓝色翻糖揉匀后擀成薄皮，用花模在一边压出所需要的花形。

❷ 将废边角去掉后，将花模放在事先压好的薄皮上，按顺序依次压出花瓣镂空的花形。

❸ 用捏塑刀切出以花为宽度的花边长条。

❹ 在花边长条的反面用水涂抹均匀，然后依次粘贴在蛋糕侧面。

❺ 长条摆放要能看到底部的花卉，留出一定的间距。

❻ 将白色翻糖擀成薄皮，然后用捏塑刀切一块长方形，一边涂上水后折叠在一起将根部捏紧，一边在折叠后的长条叠出三角形，依次裹圆捏紧根部。

❼ 边裹圆边在根部将褶皱捏紧，这样花蕊相对较紧凑。

❽ 将做好的布艺玫瑰依次粘接在蛋糕顶部，4~5朵即可。

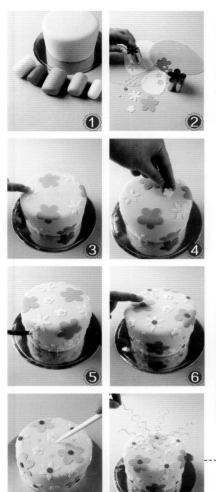

翻糖蛋糕类
翻糖花卉蛋糕

紫馨

制作步骤

❶ 事先调好翻糖所需要的颜色（粉色、红色、紫蓝色、果绿色、白色）备用。

❷ 将翻糖擀成薄片，然后用相应的花模压出所需要的花瓣。

❸ 将紫蓝色、粉色小花瓣无规律地摆放粘贴在蛋糕面上（花瓣粘贴时需在反面蘸少量水）。

❹ 依次将白色小花粘贴在蛋糕面上，无规律粘贴。

❺ 用毛笔蘸上水后粘上绿色小圆贴在白色花瓣中心作为点缀。

❻ 将红色小圆一面沾上水后依次粘贴在紫蓝色和粉色小花中间作为花蕊。

❼ 用针形棒尖头将蛋糕面中间扎一个小洞。

❽ 将银色装饰花枝弯曲后依次插放在蛋糕面中心。

翻糖蛋糕类 >>>
翻糖花卉蛋糕

凤舞九天

制作步骤

❶ 将红色翻糖揉匀后擀成薄皮，然后用花模压出所需要的花瓣。

❷ 将花枝一端插在花瓣中。

❸ 依次将做好的小花插在蛋糕顶面。

（注：插小花时要注意高矮层次，正前面应稍矮些）

❹ 将白色翻糖揉匀后擀成薄皮，然后用花模压出所需要的花瓣。

❺ 将白色花瓣摆成一条线后，用红色翻糖搓成长条粘接在花瓣上。

❻ 将粘接好的花瓣围边，根部涂上水后围在蛋糕面底部。

❼ 用手将花瓣尖头向外翻捏，稍作修饰即可。

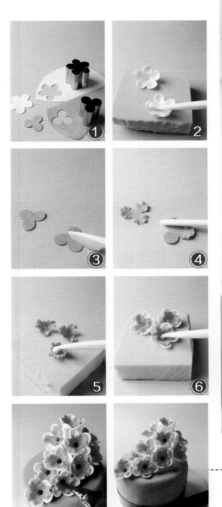

翻糖花卉蛋糕

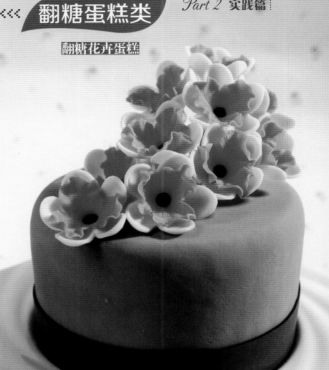

花之国

制作步骤

① 将橙色、白色翻糖揉匀擀成薄皮，然后用花模压出所需要的花瓣。

② 将白色花瓣依次放在海绵垫上，用豆形棒由外向内划压，使花瓣自然向内翻翘。

③ 用捏塑刀在每个橙色小花瓣上划压出中间长、两边短的线条。

④ 用针形棒圆头将小花瓣边缘擀薄擀皱（由上向下擀）。

⑤ 将擀好皱纹的花瓣拿放在海绵垫上，用豆形棒对准花蕊位置向下压。

⑥ 将花瓣反面涂上水后，用豆形棒将两种颜色的花瓣粘接到一起。

⑦ 将咖啡色翻糖或巧克力装入细裱袋，然后挤在花瓣中间作为花蕊。

⑧ 取小块咖啡色翻糖擀成薄皮，然后用捏塑刀裁出宽度相同的长条，反面涂上水后粘贴在蛋糕底部，作为彩带围边。

翻糖蛋糕类 >>>

翻糖花卉蛋糕

花海

制作步骤

❶ 将粉色翻糖揉匀擀成薄皮，然后压出大小不等的圆，用少量水涂抹在圆反面，以不规律的顺序粘贴在蛋糕面上。

❷ 将粉色翻糖揉匀擀成薄皮，用相应的花模压出所需要的花瓣，面皮可以擀厚一些。

❸ 将白色翻糖揉匀擀成薄皮，然后压出白色小圆，粘贴在花瓣中间作为花蕊。

❹ 将花枝插在花瓣中间，注意不要有裂纹存在。

❺ 用针形棒尖头在蛋糕面中间扎一个小洞。

❻ 将小花瓣插在蛋糕面中间，先定最高点。

❼ 依次将小花瓣插在蛋糕面中心，由高到低摆放。

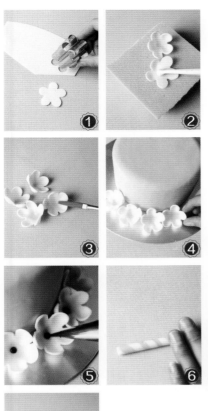

火之舞

制作步骤

❶ 将白色翻糖揉匀擀成薄皮后，用花模压出所需要的花瓣。

❷ 将花瓣放在海绵垫上，用豆形棒由外向内划压，使花瓣自然向内翘起。

❸ 用毛笔蘸上柠檬黄色色粉后刷在花蕊处。

❹ 将上好颜色的小花依次摆放粘接在蛋糕底板上。

❺ 将咖啡色巧克力装入细裱袋，在花瓣中间挤上花蕊。

❻ 将淡绿色和白色翻糖搓成两根长度、粗细相同的长条，然后两根交叉，搓成一根，作为蜡烛摆放在蛋糕表面。

❼ 将红色和柠檬黄色翻糖揉在一起，搓成小水滴作为火焰粘接在小蜡烛的顶部。

翻糖蛋糕类 >>>

翻糖花卉蛋糕

锦绣

制作步骤

❶ 取小块柠檬黄色翻糖揉匀擀薄皮后，用相应的花模压出所需要的花瓣。

❷ 将花瓣依次摆放在海绵垫上，将豆形棒放在小花瓣的边缘处由外向内划压，使花瓣自然卷起。

❸ 用豆形棒在花瓣中心压出凹槽作为花蕊。

❹ 将做好的花瓣依次摆放在蛋糕面上（由中心向四周散开摆放）。

❺ 取小块白色翻糖揉匀搓成相同大小的小圆球，然后压扁粘贴在事先压好的凹槽中作为花蕊。

❻ 用橙色和白色的翻糖或巧克力泥搓成大小不同的圆球，无规律地依次摆放在蛋糕底面。

翻糖蛋糕类

翻糖花卉蛋糕

知己

制作步骤

❶ 将淡绿色翻糖或者巧克力泥擀成薄皮，然后用捏塑刀裁出宽度相同的长条，用花模在长条的1/2以上处压出镂空的花模形状。

❷ 将装饰好的长条彩带围在蛋糕底侧面。

❸ 取小块巧克力泥或翻糖搓成粗细一致的长条，然后围在彩带外层底部。

❹ 将红色巧克力泥揉匀后擀成薄皮，用花模压出所需要的花瓣。

❺ 在白色、橙色、红色薄皮上压出所需要的花瓣。

❻ 将花瓣放在海绵垫上，用针形棒圆头放在花瓣边缘由外向内划压，使花瓣自然向内翻翘。

❼ 用橙色翻糖搓成长条在蛋糕面上围成圆作为花环，将做好的小花无规律地粘接在花环上。

翻糖蛋糕类 >>>

翻糖捏塑蛋糕

制作步骤

❶ 将所需要的巧克力泥材料调好颜色
（白色、粉色、橙色）备用。

❷ 取粉色巧克力泥揉匀搓成鸡蛋形，
依次将白色巧克力泥搓成小水滴形，
呈倒"八"字形粘贴在身体两侧。

❸ 将白色巧克力泥揉匀搓成一根长条
一分为二，用手将两端捏圆滑后粘贴
在肩部位置。

❹ 取一块白色巧克力泥，搓成扁圆形
作为头部，头部与身体比例为1∶1。

❺ 将白色巧克力泥搓成两个小水滴后
捏扁，用捏塑刀切出三角形备用。

❻ 将做好的小耳朵粘接在后脑勺偏上
位置。

❼ 用事先准备好的软巧克力在身体肚
子部位挤上大小不一的小点。

❽ 用黑色巧克力泥搓成两个小椭圆压
扁粘贴在整个脸部的1/2位置，用白色
巧克力泥点上高光。然后取小块粉色
巧克力泥搓成两个小水滴，将其尖头
相对粘接，用相同颜色巧克力泥搓成
一根细长的线条围在接头处，用捏塑
刀压出蝴蝶结后粘接在耳朵一侧。

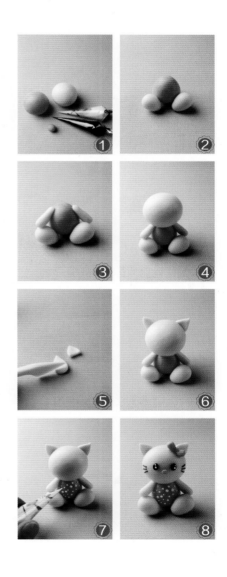

呆呆小·浣狗

制作步骤

❶ 将所需要的巧克力泥材料调好颜色（白色、粉色、黑色、咖啡色）备用。

❷ 将咖啡色巧克力泥揉匀后搓成鸡蛋形，选出鸡蛋形大头，用捏塑刀在表面压出"W"形三条线作为小狗的前肢。

❸ 取与身体同样颜色的巧克力泥搓成一个圆柱形粘接在身体上，再取同样颜色的巧克力泥搓成两个相同大小的小球，粘接在前肢下方。

❹ 用黑色巧克力泥搓成一个圆球，用手捏成三角形，压扁粘贴在整个脸部的1/3中间处，再取同样颜色的巧克力泥搓成两个小球粘接在眼眶中。

❺ 用黑色巧克力泥擀成薄皮裁成长条，将线条两边向内折叠压紧，用同样颜色的薄皮裁成小长方形贴在压紧的线条中间处，拿起粘接在小狗的脖子上。

❻ 用咖啡色巧克力泥搓成两个大小相同的水滴压扁后，分别将水滴的圆头处粘接在小狗眼睛的斜上方。

❼ 用黑色巧克力泥分别搓成一个圆柱和一个圆球压扁后将两个粘合在一起，放在两个耳朵之间。

❽ 用黑色巧克力泥搓成细小的线条粘贴在眼眶上方作为眉毛，用白色巧克力泥搓成4个小圆点粘贴在黑色眼眶上，用针形棒尖头在鼻子直线下方挑出嘴巴，用粉色巧克力泥搓成两个相同大小的圆球压扁后粘贴在嘴巴偏上两侧处。

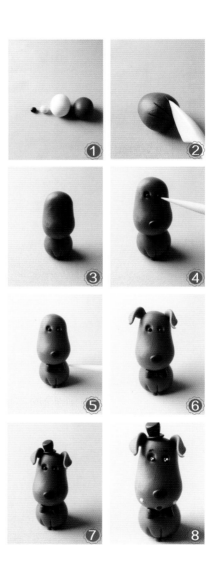

翻糖蛋糕类

翻糖捏塑蛋糕

翻糖蛋糕类 >>>

翻糖捏塑蛋糕

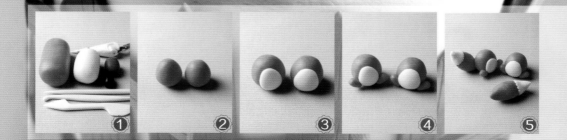

① ② ③ ④ ⑤

调皮小·狐狸

制作步骤

⑥

⑦

⑧

⑨

⑩

❶ 将所需要的巧克力泥材料调好颜色（白色、橙色、黑色、红色）备用。

❷ 将橙色巧克力泥揉匀搓成两个鸡蛋形（大头在下、小头在上）。

❸ 用白色巧克力泥搓成两个小鸡蛋形，然后压薄粘接在身体的表面，作为肚皮。

❹ 用橙色搓成4个相同大小的小鸡蛋形，用手稍微压扁些后粘贴在肚皮的两侧。

❺ 用橙色巧克力泥搓成两个橄榄球，两头稍捏尖一点，然后用白色巧克力泥擀薄皮裁出长条，放置在橄榄球的一端，用捏塑刀在两个颜色的接口处划压出毛边。

❻ 取相同颜色的巧克力泥揉匀后搓成两个鸡蛋形，选好正面用食指和大拇指在鸡蛋的大头偏下位置捏出胡须形状，用与身体相同颜色的巧克力泥搓成两对小胳膊，依次粘接在肩的两侧。

❼ 用与身体颜色相同的巧克力泥搓成4个相同大小的水滴后压扁，用捏塑刀切出水滴形的尖头三角，然后分别粘贴在以鼻子为准的"V"字形顶部位置作为耳朵。用黑色巧克力泥搓成两个小圆球分别粘贴在"V"字形的根部，作为鼻头。

❽ 用白色和黑色巧克力泥分别搓成两对小圆，压扁后粘贴在整个头部的1/2位置。

❾ 用白色巧克力泥在黑色眼球上挤出高光。取白色巧克力泥搓成一个小圆柱形，稍压扁些后用捏塑刀在圆柱形中间划压出长条，用白色巧克力泥搓成小长条压扁后粘贴在圆柱形中间位置，做出蝴蝶结的主体。然后用红色巧克力泥搓成大小不一的小圆球，压扁后粘贴在蝴蝶结上。

❿ 取小块黄色巧克力泥搓成小圆，压扁后一瓣一瓣包成圆形，每瓣包在交叉点上；用黄色巧克力泥搓成长条压扁后拿起一角向内卷起呈螺旋形；取紫红色巧克力泥分别搓成圆柱、圆球，将圆球压扁后与圆柱粘接，作为帽子。

翻糖蛋糕类 >>>

翻糖捏塑蛋糕

① ② ③ ④ ⑤

愤怒的小鸟

制作步骤

❶ 将所需要的巧克力泥材料调好颜色（白色、黑色、黄色、红色、粉色）备用。

❷ 将红色巧克力泥揉匀搓成椭圆形。

❸ 取一小块白色巧克力泥揉匀，搓圆压扁后粘贴在椭圆形底部，需露出一点。再用黄色巧克力泥捏成小水滴，然后将水滴圆头向下压平粘接在白色肚皮上方，注意尖头在外，最后用捏塑刀在橙色锥形1/2偏下位置切出上下嘴巴。

❹ 用黑色巧克力泥搓成两个相同大小的椭圆压薄后粘贴在嘴巴上方两侧。

❺ 用白色巧克力泥搓成两个相同大小的椭圆压薄后粘贴在黑色眼球上，取一小块红色巧克力泥搓圆压薄后用捏塑刀在1/2处切开，粘贴在白色眼球上，作为眼皮。

❻ 取小块黑色巧克力泥搓成像小牙签的线条，然后粘贴在红色眼皮和白色眼球接口处，作为眼线睫毛，用黑色巧克力泥搓成两个相同大小圆球压扁后粘贴在白色眼球上（眼神随意）。

❼ 用白色巧克力泥在黑色眼球上挤高光，取小块黑色巧克力泥擀成薄皮，然后用捏塑刀裁出两个相同大小的细长方形作为眉毛，粘贴在眼睛上，表情可随意。

❽ 用红色巧克力泥搓成两个大小不一的水滴形，尖头在下圆头在上，粘接在头部中间位置。

❾ 将黑色巧克力泥擀成薄皮，然后用捏塑刀切三个长短不一的细长方形，根部捏紧后粘接在身后，用黄色巧克力泥搓成两个小水滴形，将小水滴尖头相对粘接，取黄色巧克力泥搓成椭圆形，捏薄后粘贴在水滴尖头接口处，用针形棒在椭圆形上压出纹路。

❿ 用粉色巧克力泥搓成两个相同大小的小圆，压扁后粘贴在嘴巴两侧。

翻糖蛋糕类 >>>

翻糖捏塑蛋糕

可爱加菲猫

制作步骤

① 将所需要的巧克力泥材料调好颜色（白色、橙色、黑色、黄色）备用。

② 用手将橙色巧克力泥揉匀压扁，然后用黄色巧克力泥搓成两个大小一样的长条（一头尖、一头圆）。

③ 将两个黄色长条的圆头粘接好，然后用手压扁放在整个脸部的1/2偏下位置，将线条摆放成"W"形。

④ 用白巧克力泥搓两个相同大小的椭圆，压扁后粘贴在"W"形内。

⑤ 将橙色巧克力泥擀成薄皮，用捏塑刀裁成"M"形，然后粘贴在白色眼球的1/2处，用粉色巧克力泥搓成一个小圆粘接在"W"形中间处。

⑥ 用黑色巧克力泥搓成一根细线粘贴在眼皮和白色眼球接口处，取同样大小的黑色巧克力泥搓成小圆，压扁后粘贴在白色眼球上。

⑦ 取两个相同大小的橙色巧克力泥搓成两个水滴压扁后，用捏塑刀切出水滴的尖头位置，作为耳朵大概在水滴的1/2处。

⑧ 用黑色巧克力泥搓成细线条，粘贴在脸部，制成加菲猫的纹路。

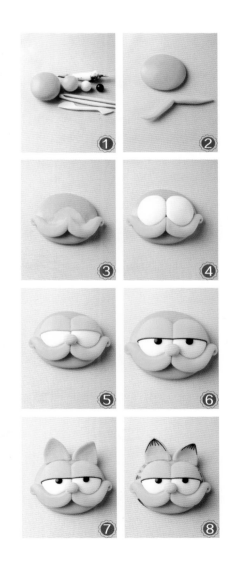

蜡笔·小·新

制作步骤

❶ 事先准备好捏塑棒和巧克力泥（肉色、绿色、黑色、黄色）。

❷ 取一小块黄色巧克力泥揉匀后搓成鸡蛋形。

❸ 将针形棒放在鸡蛋形大头中间，用针形棒压出凹槽，用手将两端修整圆滑。

❹ 将针形棒圆头对准小圆中心，然后向内压出凹槽。

❺ 取一块肉色巧克力泥搓成长条，由粗到细搓出两个相同大小的长条，粗的在内、细的在外，粘接在事先压好的凹槽里，再用黄色巧克力泥搓成两个水滴，尖头在前圆头在后，粘贴在肉色长条上。

❻ 将绿色巧克力泥揉匀后擀成薄皮。

❼ 取小块绿色翻糖搓成长条，然后将长条切出相同大小的长度，将两头捏圆滑粘接在肩部位置，取白色巧克力泥搓成两个相同大小圆球粘接在手腕上。

❽ 取一块肉色巧克力泥搓成长圆，然后用针形棒在整个圆的1/2处压出曲线轮廓，安放在肩膀上。

❾ 将黑色巧克力泥揉匀擀成薄皮粘贴在脑部，接着取黑色巧克力泥搓成两个相同粗细的眉毛，粘贴在发鬓下方两侧，将肉色巧克力泥搓成两个大小一致的圆球，用豆形棒对准圆球中心压出凹槽，粘接在眉毛后方作为耳朵。

❿ 将黑色巧克力泥搓成细线后，分别粘贴在眉毛下两侧作为眼睛。

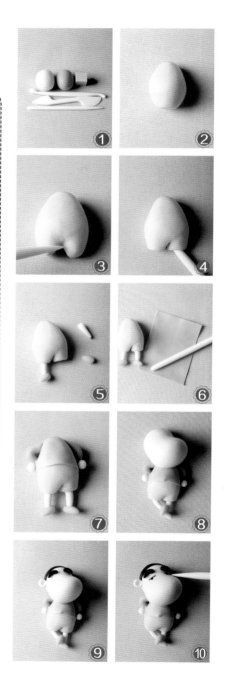

翻糖蛋糕类

翻糖捏塑蛋糕

翻糖蛋糕类 >>>

翻糖捏塑蛋糕

企鹅兄弟

制作步骤

1. 将所需要的巧克力泥（紫蓝、白色、橙色、黑色）和工具准备好。
2. 取小块紫蓝色巧克力泥揉匀后搓成鸡蛋形（大头在下、小头在上），再取一块白色巧克力泥搓成圆球，压扁后粘贴在整个鸡蛋的下2/3位置。
3. 将橙色巧克力泥搓成两个小水滴，然后稍压扁些，用捏塑刀在水滴圆头中间1/2处压出细线，在水滴尖头处涂上少量的水粘贴在白色肚皮下两侧。
4. 搓两个相同大小的圆球压扁后粘贴在白色肚皮上方。
5. 用黑色巧克力泥搓成两个相同大小的圆球，压扁后粘贴在白色眼球一边（眼神随意）。
6. 取小块橙色巧克力泥搓成橄榄形，稍压扁后粘贴在白色眼球下方中间位置。
7. 用捏塑刀在嘴巴1/2处切开压出嘴角，用紫蓝色巧克力泥搓成两个相同大小的水滴形，压扁后粘贴在身体两侧（尖头在下、圆头在上），再用白色巧克力搓成不同大小的小圆粘贴在黑色眼球上作为高光。
8. 取小块黑色巧克力泥搓成两个相同大小的眉毛，粘贴在白色眼球上方。

翻糖蛋糕类 >>>

翻糖捏塑蛋糕

可爱·小·羊

制作步骤

① 事先准备好捏塑棒和巧克力泥（肉色、白色、粉色、红色、绿色、黑色）。

② 取一小块肉色巧克力泥揉匀，搓成长鸡蛋形。

③ 将肉色巧克力泥搓成一根长条，然后用捏塑刀切出两个相同粗细的长条，用手将两端捏圆后粘接在肚皮下两侧。

④ 取白色巧克力泥搓成不同大小的小圆，压扁后依次粘贴在身体上。

⑤ 取肉色巧克力泥搓成一根长条，用捏塑刀切出两个粗细一致的长条将两端捏圆，粘贴在肚皮上两侧。

⑥ 用肉色巧克力泥搓成鸡蛋形（小头在上、大头在下），在大头一端的中间位置用捏塑刀压出竖线作为腮部，接着用捏塑刀切出嘴巴部分压出嘴角。

⑦ 用针形棒在整个头部的上2/3处压出两个凹槽，将黑色翻糖搓成两个相同大小的小圆粘贴在眼眶中。

⑧ 取小块肉色巧克力泥搓成两个小水滴，压扁后粘接在眼睛后两侧，取小块黑色巧克力泥搓成两个小眉毛粘贴在眼眶上，再取小块白色巧克力泥搓成小圆点粘贴在黑色眼球上作为高光。

⑨ 取小块白色巧克力泥搓成不同大小的圆球，压扁后粘贴在后脑勺处。

⑩ 用红色巧克力泥搓成大小相同的圆球，压扁后取出一瓣两边对折做出花蕊，依次将小花瓣包围在花蕊周围呈圆形，将绿色巧克力泥搓成三个小水滴，压扁后用捏塑刀压出线条纹路与小玫瑰粘贴好后放在小羊脑袋的一边。

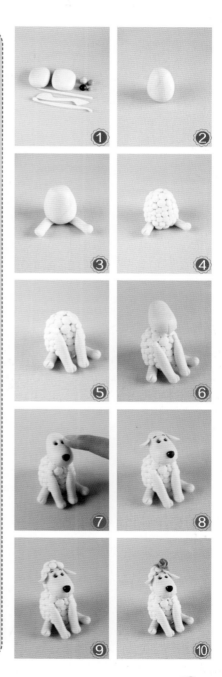

卖萌的雪人

制作步骤

❶ 将所需要的工具和巧克力泥（白色、红色、柠檬黄色、黑色、淡紫色、深绿色）准备好。

❷ 取一块白色巧克力泥揉匀后搓成圆球。

❸ 取两个相同大小的圆球粘接在一起。

❹ 用豆形棒在圆球的1/2处由下向上挑压出眼眶。

❺ 将红色巧克力泥搓成圆球，用手捏成锥形粘接在眼眶下中间处。

❻ 用黑色巧克力泥搓成两个相同大小的椭圆形，压扁后粘贴在眼眶中，接着将豆形棒对准鼻子直下方挑压出嘴巴。

❼ 将深绿色、红色巧克力泥搓成线条压扁擀成薄皮，用捏塑刀裁出长条，围在脖子上，取红色巧克力泥搓成椭圆形，压扁后粘贴在眼睛下方，用白色巧克力泥搓成小圆点粘贴在黑色眼球上，作为高光。

❽ 取小块淡紫色巧克力泥搓成两个圆球，稍压扁后用牙签扎出小洞，分别依次粘贴在左右眼睛后两侧，再选用红色巧克力泥搓成圆压扁，用黄色长条围边粘贴在眼睛上方，作为帽子。

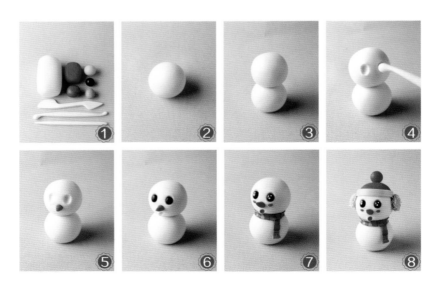

翻糖蛋糕类

翻糖捏塑蛋糕

翻糖蛋糕类 >>>

翻糖捏塑蛋糕

萌兔

制作步骤

① 将所需要的巧克力泥（白色、橙色、粉红色、深绿色）和工具准备好。

② 取小块白色巧克力泥搓成鸡蛋形。

③ 将粉红色巧克力泥揉匀搓成椭圆形压扁粘贴在鸡蛋中间处；接着取白色巧克力泥搓成两个相同大小的圆柱（由细到粗），尖头处稍压扁粘接在身体下中间处，脚呈"八"字形摆放。

④ 取白色巧克力泥搓成与身体相同大小的圆球粘接在脖子上。

⑤ 用与身体颜色相同的巧克力泥搓成两个大小一致的手臂粘接在肩部两侧位置，取小块白色巧克力泥搓成两个圆球，稍压扁后粘贴在头部的1/2处，接着用黑色巧克力泥搓成圆后捏出三角形粘贴在两个小圆中间。

⑥ 取一小块白色巧克力泥搓成两个相同大小的圆球，压扁后粘贴在鼻子上两侧，接着用黑色巧克力泥搓成两个小圆球压扁后粘贴在白色眼球上，再用黑色巧克力泥搓成细线，分别粘贴在白色眼球上，作为眉毛，用白色巧克力泥搓成小圆点粘贴在黑色眼球上，作为高光。

⑦ 取白色巧克力泥搓成两个耳朵，线条形状为细粗细，用针形棒对准中间压出凹槽。

⑧ 用粉红色巧克力泥搓成两个细线条，压薄后粘接在压好的耳朵凹槽中，粘贴在眼睛后两侧；取白色巧克力泥分别搓成长短不同的细线，粘接在耳朵中间；将橙色巧克力泥搓成长水滴形，用针形棒圆头对准水滴形的圆头压出凹槽，将深绿色巧克力泥搓成小线条粘接在凹槽中，用捏塑刀在胡萝卜的表面划压出细线条。

翻糖蛋糕类 >>>

翻糖捏塑蛋糕

趴趴熊

制作步骤

❶ 取两个不同颜色的巧克力泥，分别搓成鸡蛋形。

❷ 取与身体相同色的巧克力泥搓成两根较粗线条，线条要由细到粗，用手将两端捏圆滑后，尖头粘接在身体的下两侧作为胳膊。

❸ 用与身体颜色相同的巧克力泥搓成相同大小的圆柱，将两头的棱角用手捏圆滑和捏出大拇指，最后将一端的根部粘接在肩膀的两侧。

❹ 将咖啡色的巧克力泥揉匀后搓成圆球粘接在身体上（头部占身体比例的1/2）。

❺ 取一块咖啡色巧克力泥搓成水滴，圆头在下尖头在上粘接在臀部中间位置。

❻ 用肉色巧克力泥搓成圆后，压扁粘贴在整个头部的1/2处，用捏塑刀在头部和嘴部压出细线，挑出嘴角。

❼ 将黑色巧克力泥揉匀后搓成椭圆，稍压扁后粘贴在嘴巴上中间处。

❽ 在整个头部1/2中间两侧位置用针形棒圆头压出两个凹槽，取小块黑色巧克力泥搓成两个相同大小的圆球粘贴在眼眶中，用捏塑刀压出眼皮。

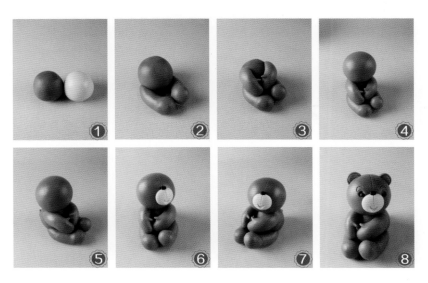

翻糖蛋糕类 >>>

翻糖捏塑蛋糕

①

②

③

④

⑤

叮当猫

制作步骤

❶ 将所需要的巧克力泥材料调好颜色（白色、蓝色、黑色、黄色、红色）备用。

❷ 将蓝色巧克力泥揉匀后搓成两个大小不同的圆球。

❸ 大球在上、小球在下粘接好，取一小块白色巧克力泥揉匀搓圆，压扁后粘接在小球整体高度的1/2处。

❹ 取一小块白色巧克力泥揉匀后搓成两个小鸡蛋形，小鸡蛋大头在上、小头在下粘接在肚皮下方两侧位置，呈倒"八"字形。然后将白色巧克力泥搓成圆捏扁后，用捏塑刀切出半圆粘贴在肚皮中高度的1/2处。

❺ 将蓝色巧克力泥搓成两个相同大小的细圆柱（由粗到细），取一小块白色巧克力泥搓成两个相同大小的圆球。

❻ 依次将膀臂粘接在整个身体的肩部两侧位置（粗头在肩，细头在手），再用红色巧克力泥搓出细线条围在脖子上。

❼ 取一小块白色巧克力泥揉匀搓圆，压薄后粘贴在整个头部的3/4位置；将红色巧克力泥搓成圆球，压薄粘贴在白色扁圆的1/2处；取小块黄色巧克力泥搓成圆球粘接在脖子中间，用捏塑刀在小球中间处压出"U"形线条作为小铃铛。

❽ 将黄色巧克力泥搓成椭圆形，捏扁后粘贴在红色圆形下方，再取两块相同大小的白色巧克力泥揉匀后分别搓成两个椭圆形，压扁粘贴在白色圆球正上方中间位置。

❾ 取一小块红色巧克力泥搓圆压扁后粘贴在两个眼睛中间，将黑色巧克力泥搓成细线条后依次粘贴在脸部。

❿ 将黑色巧克力泥搓成细线条，用捏塑刀切出相同长度的细线粘贴在白色眼球上作为眉毛和眼线，用黑色巧克力泥搓两个相同大小的圆压扁后粘贴在白色眼球上，用黄色巧克力泥搓成两个米粒形状后压扁粘贴在红色圆形上。

❻

❼

❽

❾

❿

翻糖蛋糕类 >>>

翻糖捏塑蛋糕

屹耳驴

制作步骤

❶ 将所需要的工具和巧克力泥（紫蓝色、蓝色、黑色、肉色、白色）准备好。

❷ 取小块蓝色巧克力泥揉匀后搓成鸡蛋形。

❸ 将针形棒对准鸡蛋形的一端竖着压出凹槽，然后用手捏出两只腿。

❹ 用与身体颜色相同的巧克力泥搓成两个粗线条，由粗到细粘接在身体的两侧。

❺ 取蓝色巧克力泥搓成鸡蛋形（大头在前、小头在后）粘接在脖子上，再取小块肉色巧克力泥搓成半圆粘接在外侧。

❻ 将捏塑刀对准整个头部的竖1/2处切压出细线条，将豆形棒对准整个头部的1/3处由下向上挑压出眼眶，接着以脸部竖线为准，用针形棒尖头在两侧位置挑出外"八"字形的鼻孔，最后用捏塑刀切划出嘴角处。

❼ 取白色巧克力泥搓成两个圆球，压扁后粘贴在眼眶中，用黑色巧克力泥搓成两个圆球，压扁后粘贴在白色眼球上，接着用黑色巧克力泥搓出线条，压扁后粘贴在眼眶上方，作为眉毛。

❽ 将针形棒对准眉毛上两侧位置压出小孔，将白色巧克力泥搓成小圆点后粘贴在黑色眼球上作为高光。

❾ 用与身体颜色相同的巧克力泥搓成两个长条，压扁后圆头在内、尖头在外，粘接在小孔中。

❿ 用黑色巧克力泥搓成长短不同的线条，分别依次粘接在耳朵中间，用蓝色巧克力泥搓成一根细线粘接在臀部位置，作为尾巴。

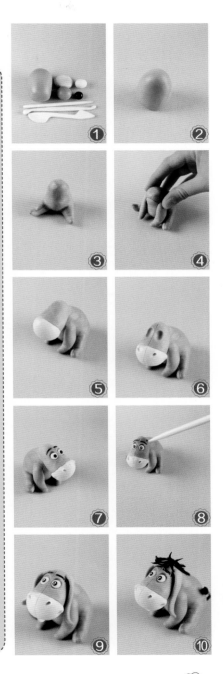

熊猫宝贝

制作步骤

❶ 将所需要的巧克力泥材料调好颜色（白色、紫蓝色、黑色）备用。

❷ 用白色巧克力泥搓成两个鸡蛋形（大圆头向下）。

❸ 用白色巧克力泥搓4个相同大小的小水滴，分别粘接在身体两侧。

❹ 用黑色巧克力泥搓4个相同大小的小鸡蛋形，用手压扁后分别粘接在膀臂上方呈倒"八"字形。

❺ 用白色巧克力泥搓4个相同大小圆球，用手压扁后粘贴在黑色眼球偏上位置。

❻ 用黑色巧克力泥搓4个相同大小的小圆，用手压扁后粘贴在白色眼球偏上位置。

❼ 用黑色巧克力泥搓4个相同大小的小水滴，用手稍压扁。然后用针形棒在眼睛的斜上方分别扎上耳洞，将做好的小耳朵（尖头在内、圆头在外）插在耳洞内。

❽ 用紫蓝色巧克力泥捏出小配饰分别粘接在脑袋和身体上：a. 小玫瑰：取紫蓝色巧克力泥搓成大小相同的圆球捏扁后裹出花芯，取小花瓣包在花芯对面，每瓣包在前一瓣的交叉点上；b. 蝴蝶结：将巧克力泥擀成薄皮后，用捏塑刀裁出较短的长条，两边对折后捏紧，用相同颜色的巧克力泥搓成长条，压扁后粘接在蝴蝶结的接口处。

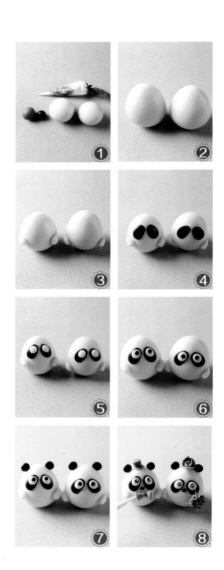

翻糖蛋糕类

翻糖捏塑蛋糕

翻糖蛋糕类 >>>

翻糖捏塑蛋糕

羊羊热恋

制作步骤

❶ 将所需要工具和巧克力泥（咖啡色、白色、橙色、黑色、红色）准备好。

❷ 取一块咖啡色巧克力泥揉匀后搓成圆球。

❸ 用橙色巧克力泥搓成圆柱作为头部，身体与头的比例为2：1，然后粘接在圆球上。

❹ 用豆形棒在整个头部的1/3处由下向上挑压出眼眶。

❺ 用橙色巧克力泥搓成两个圆球，压扁后粘贴在身体下两侧，取白色巧克力泥搓成两个相同大小的圆球粘接在眼眶下方。

❻ 将黑色巧克力泥搓4个小圆球、2个小米粒，取相同大小的两个圆球压扁粘接在白色眼球上，将剩余的两个小圆球粘接在脸部的前方、嘴巴上方中间位置，用针形棒对准圆球向内分别压出两个鼻孔，最后将小米粒依次粘贴在眼眶上。

❼ 取橙色巧克力泥搓成两个小水滴形，尖头在内、圆头在外，粘接在眼睛后方两侧处，用白色巧克力泥搓成小圆点粘贴在黑色眼球上，作为高光。

❽ 用咖啡色巧克力泥搓成两根线条，线条形状由粗到细，用手将线条绕圈后粘贴在耳朵上方，取小块红色巧克力泥搓成圆球粘贴在鼻孔直下方0.5cm处，将针形棒对准圆球中间压出小洞。

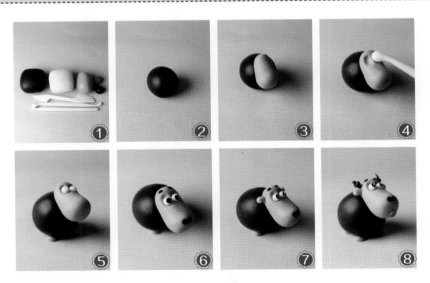

王森烘焙西点西餐咖啡技师学院